U0173202

假行家啤酒指南

［英］乔纳森·古道尔 著

胡安 译

上海科学技术文献出版社
Shanghai Scientific and Technological Literature Press

图书在版编目（CIP）数据

假行家啤酒指南 /（英）乔纳森·古道尔著；胡安译 .
—上海：上海科学技术文献出版社，2022
ISBN 978-7-5439-8258-1

Ⅰ．①假… Ⅱ．①乔… ②胡… Ⅲ．①啤酒—通俗读物 Ⅳ．① TS262.5-49

中国版本图书馆 CIP 数据核字 (2021) 第 006199 号

Originally published in English by Haynes Publishing under the title:
The Bluffer's Guide to Beer written by Jonathan Goodall © Jonathan Goodall 2018

Copyright in the Chinese language translation
(Simplified character rights only) ©
2021 Shanghai Scientific & Technological Literature Press

All Rights Reserved
版权所有，翻印必究

图字：09-2019-499

策划编辑：张　树　　　　责任编辑：黄婉清
封面设计：留白文化　　　版式设计：方　明
插　　图：方梦涵

假行家啤酒指南
JIAHANGJIA PIJIU ZHINAN
[英] 乔纳森·古道尔　著　胡　安　译
出版发行：上海科学技术文献出版社
地　　址：上海市长乐路 746 号
邮政编码：200040
经　　销：全国新华书店
印　　刷：常熟市人民印刷有限公司
开　　本：889mm×1060mm　1/32
印　　张：4.875
插　　页：4
字　　数：100 000
版　　次：2022 年 9 月第 1 版　2022 年 9 月第 1 次印刷
书　　号：ISBN 978-7-5439-8258-1
定　　价：45.00 元
http://www.sstlp.com

目录

啤酒，它是最□□棒[1] 的饮料。

——杰克·尼克尔森

不要变成啤酒杯

哪怕是在沉闷的旧超市里，你也不会注意不到啤酒货架上在酝酿点什么。视线越过凄凉得比瓶装水还便宜、打包好"买一送一"的拉格啤酒，你还会看到灌装满各种可能性的瓶子：用罗勒、西瓜或栗子调味的啤酒，用威士忌或白兰地的旧桶陈酿的麦芽酒，僧侣用野生酵母（它的学名竟然叫 *Brettanomyces bruxellensis*）发酵酿造的麦芽酒。如今，啤酒品牌都为有个像歌舞杂要招式一样名字的啤酒花品种唱赞歌，高贵法餐厅里甚至还会有年轻时髦的侍酒师给你呈上一份"啤酒单"。

你可以采取各种极端行为，好让你被误以为是啤酒专家：留点络腮胡子，套件肥大的棒针毛衣，挎一面宝思兰鼓[①]，甚至去偷条印着羽毛笔和单柄大啤酒杯纹样的英国啤酒作家协会领带（不过，显然你不会想用领带搭着毛衣穿）。又或者，你只要把这本

[①] 宝思兰鼓（bodhrán），爱尔兰一种单面浅鼓，多用球状短槌击打。

书轻松读完就行。

本书的出发点是引导你畅行于啤酒讨论中遇到的主要危险区域，并为你配备专业词汇和回避技巧，以最大限度降低你被抨击为吹嘘卖弄的风险。你会得到一些简单易学的提示和方法，让自己被认可为一名能力罕见而经验丰富的啤酒鉴赏家。可这本小书还能做到更多，它将让你以知识和洞察力打动大批听众——没人会发现在读它之前，你都不知道小木桶到大桶怎么换算[①]（既然你诚心诚意地发问了，是 108 加仑换 9 加仑）。就在我们说话这当口，繁荣的手工精酿正像融化的水从冰川中滴下一样缓慢而坚定地侵蚀着大规模生产、口感乏味的冷链啤酒。啤酒的美丽新世界正在我们面前展开——一个名副其实的假行家天堂。

[①] 小木桶（firkin），通常为 9 英制加仑（约 41 升）；大桶（butt），通常为 108 英制加仑（约 491 升）。

自啤酒向永恒：酿造简史

公元前 9000 年

啤酒元年？我们可以根据作物形态推断，古代美索不达米亚人对不合礼教的啤酒并不陌生。因此，酿酒的摇篮就在中东地区的中心地带这一事实放到现在来看，实在有点讽刺 [1]。

公元前 7000 年

在中国湖南省发现的、带有啤酒残渣的陶器碎片的推测年代。

公元前 4000 年

古代苏美尔人制作了描述酿造过程的黏土板。历史学家称，这可能是世界上最古老的配方。据黏土板所示，喝啤酒会让我们

---

[1] 伊斯兰教教义禁止信众饮酒。

感到"欢欣、愉悦且幸福"。快向苏美尔酿酒女神宁卡西举起你的酒杯致意。

公元前3000年

埃及酿酒师总结经验，认为大麦是酿造啤酒的最佳谷物，很快就发展出一套原始的麦芽制造工序。古埃及表达"吃饭"的象形文字是"啤酒＋面包"。同时，在金字塔上工作的石匠所获得的报偿名为"凯什"（kash），它是一种很原始的啤酒，多半加了枣子、茴芹籽、蜂蜜和藏红花以增加甜味。

公元前2000年

在欧洲，凯尔特人用大麦、小麦和燕麦酿造啤酒。

200年

巴比伦人开始种植啤酒花。

740年

在巴伐利亚州的哈勒陶地区，德国人迎头赶上，开始耕耘他们自己的啤酒花花园。

1040年

世界上最古老的、至今仍未停止生产的啤酒厂——魏亨施特凡啤酒厂[1]在慕尼黑附近创立。

1086 年

《末日审判书》[2]将四十三家在英格兰经营的商业啤酒厂登记在册。

1150 年前后

第一篇谈及用啤酒花酿酒的文字记载出自莱茵兰地区的本笃会女修道院院长希尔德加德·冯·宾根[3]。她在论文《自然界》中发表洞见，认为啤酒花是"酿酒草本"（一种用来调味和保存啤酒的草药混合物）的合适替代品。据说，这位女修道院院长也是第一位写及女性性高潮的人。天哪！

---

[1] 魏亨施特凡啤酒厂位于德国巴伐利亚州弗莱辛市魏亨施特凡修道院的旧址上。二十世纪五十年代前，该啤酒厂称其建立于 1146 年，之后则改为1040 年（因为一份据称可追溯到 1040 年、记载弗莱辛主教奥托一世将酿酒权授予该修道院的文件重见天日，但这份文件一般被认为是十六世纪的伪造品）。有关该啤酒厂的第一份书面记录可追溯到 1675 年。

[2]《末日审判书》(Doomsday Book) 是一份对英格兰人口、土地和财产情况的调查报告，于 1086 年完成。

[3] 希尔德加德·冯·宾根 (Hildegard von Bingen，约 1098—1179)，德国本笃会的女修道院院长，也作为作家、作曲家、哲学家、博物学家等在中世纪中期活跃。她被欧洲许多人认为是德国科学自然史的创始人，著有文中提及的《自然界》(Physica)。

1295 年

好国王瓦茨拉夫二世[1]向波希米亚（今捷克共和国）比尔森[2]二百六十名感恩戴德的镇民授予啤酒酿造权。

1400 年前后

拉格啤酒（Lager）诞生了，尽管其色深浑浊的风格并不像我们今天所熟悉的拉格啤酒。中欧地区的酿酒师发现，在凉爽的洞穴里酿造、贮藏啤酒，他们可以获得更干净、更干爽的成品。德语中，lagern 的意思就是"贮藏"。虽然那时酵母还没被发现，也没法确凿其在啤酒酿造过程中的作用，但他们无意中发现了拉格啤酒酿造中的"底部发酵"过程。"底部发酵"的发酵温度低得多，速度也慢得多；而艾尔啤酒（Ale），显而易见，是"顶部发酵"的（详见"麦芽汁儿及一切：啤酒如何酿成"）。

1500 年前后

英国酿酒师开始了他们与啤酒花的邂逅，而邂逅的对象一度

---

[1] 瓦茨拉夫二世（Václav II，1271—1305），波希米亚国王、克拉科夫公爵和波兰国王。波希米亚王国，1198—1918 年存在的中欧国家，其范围大致相当于现在的捷克共和国。在历史上曾是神圣罗马帝国内独立的一员，许多国王都兼为神圣罗马帝国皇帝。波希米亚王国在 1198 年由奥托卡一世建立，最后一任国王为奥匈帝国皇帝卡尔一世。第一次世界大战结束后，大部分地区归于捷克斯洛伐克。

[2] 比尔森（Plzeň，英语写作 Pilsen），因比尔森啤酒（Pilsner）而闻名于世，该啤酒由巴伐利亚酿酒师约瑟夫·格罗尔（Josef Groll）于 1842 年在此地创造。

被视为"邪恶有害的杂草"。大多数英国啤酒都由酒坊老板娘在家中酿制，因为她们用（除去啤酒花外）几乎一样的原料做面包。优秀的老板娘会从酒馆窗洞向外插根一端扎着常青树树枝和（或）啤酒花的长杆（即"啤酒桩"）以吸引顾客，从而发明了酒馆和酒馆标志。

1516 年

巴伐利亚公爵威廉四世起草《啤酒纯正法》(*Reinheitsgebot*)，规定德国啤酒只能由水、大麦和啤酒花酿就（记住，那时还没发现酵母）。面上像是为了保护德国啤酒制造传统的官方表态，实则是要防止酿酒商使用小麦的实际措施，毕竟小麦是制作面包更迫切需要的原材料。

1550 年前后

欧洲人喝啤酒比喝水多。啤酒是更安全的选项，因为啤酒所含的水分被煮沸过。英国女王伊丽莎白一世日日以 1 夸脱啤酒开启一天生活，也就是 2 品脱啤酒就每日早膳的玉米片 [①]。

1632 年

荷兰西印度公司在纽约曼哈顿下城开设北美洲第一家商业啤酒厂。布法罗、布鲁克林、奥尔巴尼和费城成为早期酿酒中心。

---

① 1 英制夸脱 = 2 英制品脱。1 英制品脱约合 0.568 升。

啤酒花栽培于新大陆起航。

1698 年

英格兰现存最古老的酿酒厂尼姆牧羊人在肯特郡的法弗舍姆创立。

1722 年

伦敦的贝尔酿酒屋第一次用深烘大麦酿出波特啤酒。杜松子酒课税，正因它毁了太多的母亲，这"毒母祸根"（mother's ruin）被提了三倍的税；波特啤酒取而代之，成了"普罗大众的心肝"。

1750 年前后

与用木炭或煤炭烘烤截然不同的新式焦炉终于使得英国麦芽制造商免于把麦芽烧焦。浅色麦芽可以酿淡色艾尔。

1759 年

阿瑟·吉尼斯 [①] 在都柏林买下一家废弃的酿酒厂。剩下的，恰当地说，就都是历史了。

[①] 阿瑟·吉尼斯（Arthur Guinness）即爱尔兰著名啤酒品牌健力士（Guinness）的创始人。健力士的主打产品为爱尔兰干型黑啤酒，每年有近二十亿欧元的产值。

1777 年

东伦敦堡区斯特拉特福德[1]的一家酿酒厂装配第一台蒸汽机。

1785 年

约瑟夫·布拉马发明了啤酒手泵，改变了酒吧给顾客上啤酒的方式。

1790 年前后

淡色艾尔啤酒转变为名唤"印度淡色艾尔"的涡轮增压版本。重度啤酒花调味和高酒精含量，使它可以承受从英国到印度的长途海运。

1810 年

世界上最大的啤酒派对——啤酒节（Oktoberfest）第一次在慕尼黑举办，正是为了祝贺巴伐利亚王储路德维希[2]和萨克森-希尔德布格豪森的特蕾莎公主于 1810 年 10 月 12 日的结合。

1817 年

得益于丹尼尔·惠勒的专利烘焙机，波特啤酒和世涛啤酒变得越来越醇厚、浓暗。就是这么个类似于咖啡烘焙机的滚筒，使

---

[1] 堡区斯特拉特福德（Stratford-le-Bow），即今伦敦堡区中世纪时的名称。
[2] 即后来的巴伐利亚国王路德维希一世，1825—1848 年在位。

得啤酒酿造者不必烤焦大麦，也能生产出深色的"巧克力"麦芽。

终于到了 1842 年！

巴伐利亚酿酒师约瑟夫·格罗尔在波希米亚的比尔森首次酿出金色拉格。作为具有史诗意义的大型里程碑，格罗尔的比尔森啤酒风格继而在全球范围内占据主导地位，当今消费的啤酒中约有十分之九都是比尔森。本来所有的拉格啤酒都浓暗深黑，直到格罗尔一明（鸣）惊人。

1857 年

我发现它了！路易·巴斯德揭开了酵母的神秘面纱，实现了我们一直期待的突破。他认为，酵母并不像人们普遍认为的那样是一种被称为"善唯上帝"的神圣礼物，而是一种单细胞微生物（一种真菌），它可以由人掌控而裨益啤酒。1876 年，巴斯德出版了他具有创见的酿酒师疑难排查指南《啤酒研究》(*Études sur la Bière*)，奠定了他作为现代酿酒之父的地位。就正宗艾尔啤酒运动的支持者而言，发明巴氏灭菌法让巴斯德自毁声誉。他们争辩：使用巴氏灭菌法是以牺牲风味为代价来生产干净的啤酒。

1875 年前后

德国工程师卡尔·冯·林德发明的制冷技术使拉格啤酒的酿造突飞猛进。在寒冷山洞里贮藏拉格啤酒突然不再流行。慕尼黑施帕滕啤酒厂的加布里埃尔·塞德迈尔二世是第一个大规模酿造金色拉格的人。

1876 年

位于特伦特河畔伯顿的巴斯酿酒厂注册了其标志性的红三角商标，它是英国的第一个商标。安海斯公司在美国推出百威啤酒。

1883 年

巴斯德传球，埃米尔·克里斯蒂安·汉森头球破门！作为一名科学家和兼职小说家，汉森在哥本哈根为嘉士伯工作，他发现了如何分离和培养一种单一的纯酵母菌株——在本例中，因为汉森有东家，所以该种酵母被命名为嘉士伯酵母[①]。这一突破使得酿酒商能够培养并贮存他们特有的酵母菌株，并将"接受现实，好好看看我们怎么发大财"的方法写进了历史课本。

1892 年

美国巴尔的摩的威廉·潘特为"皇冠软木塞"（瓶盖）和每分钟能封装一百个玻璃瓶的机器申请专利。

[①] 原文作 Saccharomyces carlsbergensis，它在各类科学文献中均有使用，但其实是一个无效的分类学名词。嘉士伯酵母与德国人马克斯·雷斯（Max Reess）于 1870 年命名的巴氏酵母（Saccharomyces pastorianus）系同物异名，如今以更早的 Saccharomyces pastorianus 作为此种酵母的分类学命名。

19 世纪末

随着铁路和制冷技术的同时发展，第二波来自德国和波希米亚的欧洲移民定居北美洲。从辛辛那提、圣路易斯和密尔沃基的酿酒厂中，拉格啤酒对艾尔啤酒的攻势就此展开。

1904 年

在美国，托莱多玻璃公司推出了第一台全自动制瓶设备。瓶装啤酒从未如此便宜、快捷、好买到。

1911 年

在英国旅行时，哈里·胡迪尼[①]接受了来自位于利兹的特特利啤酒厂的挑战：从一个锁住的装满啤酒的搅拌桶中逃脱。他最终败给了桶中的二氧化碳气体，不得不通过他人救援逃脱。（服务员！我的啤酒里怎么有个逃脱大师！）

啤酒正是上帝爱我们、要我们幸福的证据。

——本杰明·富兰克林（或许是他吧）

1914—1918 年

英国的希望之光熄灭，因为扫兴的自由派政治家和大姘

[①] 哈利·胡迪尼（Harry Houdini），被称为史上最伟大的魔术师、脱逃术大师及特技表演者。"胡迪尼"这个艺名是对法国魔术师让·欧仁·罗贝尔－乌当（Jean Eugène Robert-Houdin）的致敬。

头①大卫·劳合·乔治限制了《许可证法》以促进战备②。伤口上撒盐，优质的英国啤酒都是按照更弱的配方酿造的。英国人刚刚才开始从这一项残酷的遗产中恢复过来。

1920—1933 年

美国禁酒令，或者可以管它叫"高尚的实验"。最终结果证明，它并不那么高尚。酒精禁令为美国有组织暴力犯罪的浪潮创造了完美的条件。

1927 年

波特上校创造了纽卡斯尔棕色艾尔。他姓波特却不酿波特酒③，而靠啤酒营生，倒还挺讽刺的。纽卡斯尔棕色艾尔在次年的伦敦国际酿酒商展览会上获得了瓶装啤酒一等奖。

1930 年

伦敦的沃特尼酒厂试验了使用巴氏灭菌法的小桶啤酒。这一举动最终激起了正宗艾尔啤酒运动的强烈反击。

---

① 此处或为讽刺大卫·劳合·乔治（David Lloyd George）在英国首相办公地点唐宁街 10 号豢养情妇。
② 指大卫·劳合·乔治在 1915 年推进颁布的《许可证法》，是其推进的一系列限酒、禁酒法案的一部分。大卫·劳合·乔治认为"酒精在战争中造成的破坏比德国所有潜艇造成的还要大"，而生产军备的工人就是因饮酒而怠惰，故试图以禁酒提高其工作效率。
③ 波特酒（Port）为加强型葡萄酒，在发酵结束加入葡萄蒸馏酒进行强化。

1935 年

来自美国新泽西州的克鲁格佳酿生产了第一罐罐装啤酒。打开它，需要一个叫作"教堂钥匙"[①]的装备——或许是禁酒令后另一个"滴酒不沾运动"的苗头？

1939—1945 年

英勇的英国皇家空军机组人员创造了取代"在行动中失联"委婉的说法——"跑去喝伯顿"。"伯顿"当然指的是产自著名酿酒小镇特伦特河畔伯顿的啤酒啦。

1963 年

英国酿酒厂开始由木桶转向金属桶，促成了橡木桶啤酒保存协会的形成。在美国，金属啤酒罐上终于有了拉环。

1971 年

被溺于一片平静、过滤干净、巴氏灭菌过的啤酒桶中，英国一小队顽固的啤酒爱好者发起了正宗艾尔啤酒运动（CAMpaign for Real Ale，CAMRA）。它最初代表的是振兴艾尔啤酒的运动，直到他们发明了"正宗艾尔"这个词来指代未经过滤、未经消毒的木桶桶酿啤酒。

[①] 此处"教堂钥匙"（church key）为直译，指的是一种有三角形尖端的开罐器或开瓶器。

1976 年

　　在苏格兰服兵役期间，受这些基本一样的英国艾尔啤酒的启发，杰克·麦考利弗在加利福尼亚州北部的索诺马建立了美国第一家微型酿酒厂。它于 1982 年倒闭，但美国精酿啤酒运动的火炬已经点燃。

1977 年

　　距首届慕尼黑啤酒节仅 167 年，伦敦的亚历山德拉宫为第一届英国啤酒节的举办敞开了大门。已故的迈克尔·杰克逊（不是那位嘎吱作响的"月球漫步者"）出版了《啤酒世界指南》(*The World Guide to Beer*)，它可是啤酒爱好者的《圣经》。

1978 年

　　吉米·卡特签署法案，使美国人获得在家自酿啤酒的权利。与此同时，在啤酒罐帆船赛（于 1974 年在澳大利亚达尔文首次举办）中，由 15 000 个"罐头提基 ①"制成的罐头帆船一直驶到了新加坡。

1982 年

　　首届英国啤酒节刚刚过去五年，第一届全美啤酒节在科罗拉

---

① 提基是毛利神话中第一个存在的人，也指波利尼西亚文化中一般的人形雕刻。

多州的博尔德举办。

1989 年

真可怕！"欧洲气泡"拉格成为英国饮用量最大的啤酒，将艾尔啤酒推下王座。"啤酒令"[①]为喝啤酒的人带来了利好消息："啤酒令"限制了大型啤酒集团所能拥有的"捆绑"酒吧的数量，并允许酒吧的承租人储备一种他们自行选择的客座啤酒。

2002 年

英国财政大臣戈登·布朗在英国引入了累进啤酒税（PBD），意味着啤酒酿酒商要根据他们的产量纳税。因此，最小型的生产商只须支付标准税率的50%，而PBD对刚刚起步的"微酿造运动"（microbrewing）起到了巨大的推动作用。

2004 年

安迪·"维京人"·福德姆赢得了湖畔世界飞镖锦标赛。他在比赛前至少喝了十五瓶啤酒，以此来维持自己的表现，并保持体重稳定。[②]

---

① 指英国《1989 年啤酒供应（限制产业）令》和《1989 年啤酒供应（借贷关系、持牌处所及批发价格）令》，俗称"啤酒令"（The Beer Orders）。

② 安迪·"维京人"·福德姆（Andy "The Viking" Fordham）为英国著名飞镖选手，长期的酗酒习惯导致其身体状况不佳，体重更高达 197 千克。由于健康问题，福德姆于 2021 年 7 月 15 日去世，享年五十九岁。文中提及的饮酒量，在英国《独立报》的报道中则为"一瓶白兰地和二十四瓶啤酒"。

2008 年

美国酿酒业巨头安海斯 – 布希公司与英博公司合并（英博公司本身又是比利时国际酿造公司和巴西安博公司合并而来的），巨头由此成了寡头。

2012 年

潮流可能正在转向。英国酿酒业的年度报告显示：2011 年，随着"工业"拉格对正宗拉格的钳制开始放松，泡吧的酒客喝掉了6.33 亿品脱的正宗艾尔，比前一年略有增加。

2016 年

全球最大酿酒商百威英博以 1 070 亿美元收购世界第二大酿酒商南非米勒。全球啤酒产量的近三分之一都掌握在了一家公司的手中。

未完待续……

麦芽汁儿及一切：啤酒如何酿成

你要是想在皇家橡树酒吧主持酒会、回顾自己在诸如帕约滕兰狂饮兰比克啤酒[①]的冒险经历（读下去！），那么你至少需要了解啤酒的酿造方式。当音乐突然停止而每个人都用怜悯和怀疑的眼神凝视着你时，此类知识将消除任何尴尬的"高档酒吧冷场时刻"。有了对酿造过程的了解，你甚至可以用冷眼和杀手般不动声色的冷酷瞪到矢志不渝发问的人不敢正视你的眼睛。

啤酒按古老配方制成：大麦＋酵母＋水＋啤酒花＝啤酒。酿造啤酒使用的原料与烘烤面包用的类似（啤酒花除外），可正是经过精心研判的调整和熟练工匠的谨慎决策，使你杯中不起眼的啤

[①] 兰比克啤酒（Lambic）是一种十三世纪起酿造于比利时布鲁塞尔西南部帕约滕兰地区（Pajottenland）的啤酒。兰比克啤酒与其他啤酒的不同之处在于，它通过接触野生酵母和源自塞纳河河谷的一种细菌发酵而成，而不依靠精心培育的啤酒酵母菌株。这一过程赋予了兰比克啤酒独特的风味：干爽，有葡萄酒味、苹果酒味，回味常带酸味。

酒升华为琼浆玉露，或者是你可能会叫作"啤酒瓦纳"的物什（又或者不这么叫）。让我们继续面包的类比，哪怕是切片白吐司和奇奇怪怪的裸黑麦粗面包之间也存在着天壤之别。

葡萄酒酿酒师可以怪罪年份的变化多端或软木塞污染，从而将酿出劣质霞多丽的责任转嫁给他们无法控制的不可抗力。啤酒酿酒师可没法儿这么推卸责任。假设到酿酒师手中的大麦状况良好，他将完全控制酿造过程并负责结果。葡萄酒酿酒师只需要琢磨葡萄，啤酒酿酒师则需要操控谷物、不同啤酒花、特定酵母菌株甚至不同类型水体等进行组合，以创造出各方面均衡的啤酒。颜色、烈度、甜度、苦味、香气，乃至泡沫顶的色调和稠密度，都是由酿酒师而非大自然母亲决定的。因此，与葡萄酒酿酒师相比，啤酒酿酒师能提供更广泛的口味选择。

酿造啤酒的基础就是将大麦发成麦芽，在其水溶液中提取糖分，将其与啤酒花一起煮开后，加入酵母发酵。整个过程始于三个 M：制麦芽（malting）、制粉（milling）和麦芽浆化（mashing）。归功于制作工序的首字母，假行家想记住啤酒酿造的过程相当容易。或者，你只需要像霍默·辛普森[1]那样来一句："嗯——啤酒（Mmm, Beer）。"

首先说说制麦芽：通过将大麦浸入水中来促进其生长（即发芽）。谷物中的淀粉会转化为糖，进而催化这一过程。在窑中加

---

[1] 霍默·辛普森（Homer Simpson），为美国动画情景喜剧《辛普森一家》（The Simpsons）中的父亲角色，生活中离不开啤酒和电视。

热谷物会使大麦停止发芽，焙烧的程度则会影响啤酒成品的风味。接下来，将麦芽碾磨（磨碎）成种仁和种皮的细混合物，即"碎麦芽"（grist），这样其中的糖就更易溶于热水。麦芽浆化的过程包括将碎麦芽和热水在一个叫作"醪液过滤桶"（mash tun）的桶中混合，制成一种含糖的甜味溶液，即"麦芽汁"（wort）。之后，把麦芽汁倒入一个大的铜制容器（"煮沸锅"）中——通常还会丢入一些啤酒花——煮沸。

当麦芽汁冷却、啤酒花的精华融合其中后，液体会被转移到一个大而敞口的发酵容器中。添加酵母（也可以说"掺入"酵母），酵母在发酵过程中会消耗糖，产生酒精和二氧化碳。艾尔啤酒为顶部发酵，而拉格啤酒则为底部发酵。几天后，发酵完成，啤酒（现在已经是啤酒了！）会被过滤到贮酒罐中。

当然，如何调配啤酒至关重要，它将啤酒饮用者分成了两个阵营，一边是快活的狂饮者，另一边是正宗艾尔爱好者。氮气啤酒为快活的酒鬼而生，过滤去除酵母沉淀物后以巴氏灭菌法消毒并用氮气填充。这样酿造出来的啤酒清澈、干净、气足，而正宗艾尔爱好者们会反驳称这种啤酒没有味道。有些人自命不凡地把它们称为"三夹板啤酒"（veneer beer）。大型酿酒商和连锁酒吧都更乐于和氮气啤酒打交道，因为注入氮气的啤酒保质期大大延长，而且叫人摸不着头脑的是，其盈利能力也更强。

"正宗艾尔"是取给桶熟啤酒用的名字。既不经过滤，也不经巴氏法，桶熟啤酒在酿酒过程中处于未完成状态，需要通过在酒窖中的二次发酵继续熟成。随着啤酒的成熟，其酒劲和风味复杂程度都有所增加，对那些不厌其烦地精心管理酒窖的酒吧老板可以说是当之无愧的奖励。

和桶熟啤酒一样，瓶熟啤酒也要经过二次发酵，只不过它们是在瓶子里发酵。如果你手里的瓶装啤酒底部有沉淀物，大可确认它是在啤酒瓶里二次发酵的，另一个线索则是酒标上"瓶熟"的字样。

优质拉格啤酒（相对于"战斗拉格啤酒"而言）要冷藏至少一个月——时间越长越好，好让它们正宗的爽脆口感得到充分发展和融合。在冰箱发明之前，贮藏拉格啤酒的地方是凉爽的山洞，这样啤酒就不会在夏天变质，这种干净、清爽的啤酒风格就此形成。

主要谷物

大麦是多数啤酒的基石，但大麦并不是酿造啤酒唯一可用的谷物。毕竟，比利时人和德国人可是用小麦酿啤酒的行家里手。不管怎么说，大麦仍然是啤酒酿造师的首选：大麦易于加工、含有相对富裕的可发酵糖分、能产生柔和的甜味，对它最好的形容就是"像啤酒"。假行家如你也可以指出：小麦能使啤酒的口感更尖锐、更酸涩，只不过小麦首当其冲是要用来做面包。

大麦的特殊之处在于制麦芽的过程中保留了麦壳，当麦芽汁从废粒中分离出来时，麦壳充当了天然的过滤器。玉米、大米、黑麦甚至小麦都需要更长的时间释出糖分，然后分解出一种湿漉漉、形似面团的覆盖物，通常都会把醪液过滤桶堵住。除了大麦，所有用于酿酒的谷物，假行家都要管它叫"辅料"。辅料也包括糖浆，糖浆在工业拉格啤酒中通常是廉价的替代原料。

用玉米和大米酿酒的国家以美国、澳大利亚、中国为限。在这些国家，玉米和大米的中性口味可以用来酿造大量温和的啤酒。藜麦和高粱则用于生产无麸质啤酒，不幸的是，用它们酿出来的东西尝起来不太像啤酒。很多酿酒师在实践中会根据自己所追求的啤酒风格——当然还有自己的预算，用各种已制芽或未制芽的辅料组合作为大麦麦芽的补充。

你要是在某些做作的酒标上看到"双排"或"六排"大麦的字样，它指的是大麦茎上颗粒的行数。大多数啤酒酿酒师都喜欢双排大麦。双排大麦富含淀粉，也就是说它富含可发酵的糖，而且蛋白质含量相当低。

在确定将要用来酿酒的谷物种类之后，"制芽师"（制造麦芽的人）可以根据谷物烘干的时长和温度，创造出各种各样的味道。在光谱的一端，浅度烘焙的麦芽（有时被称为"白麦芽"）给人以淡淡的饼干味；而在光谱另一端，深度烘焙的黑麦芽和巧克力麦芽既奠定了啤酒的酒体，也为波特啤酒和世涛啤酒带去了咖啡味和苦巧克力味。中度烘焙的麦芽（如水晶麦芽[①]）更受中等酒体啤酒的青睐，它能为啤酒带来焦糖和太妃糖般的品质。麦芽的焙烧程度也会影响啤酒的色调。请参考最极端的麦芽制作指南——用山毛榉熏烤麦芽而创造出德国烟熏啤酒的"烟熏培根"味道。烟熏

[①] 水晶麦芽（crystal malt），又称焦香麦芽。

啤酒在法兰克尼亚[①] 大行其道，你居然不知道吗？

2008 年，日本札幌啤酒厂用国际空间站上种植的大麦生产了一百升"太空大麦"啤酒。大可用这一事实让你的朋友们大吃一惊。我们相信它尝起来确实超凡，尽管它缺乏（原始）比重（详见"口味之问"）。

嘻哈酒花

谷物之于啤酒正如葡萄之于葡萄酒，它们是可发酵糖分的来源，只不过一袋大麦给人感觉不那么性感罢了。所以，啤酒品牌正更多地将我们的注意力转移到啤酒花的品种上去，命名一些诸如萨茨、戈尔丁和卡斯卡德这样的啤酒花品种，仿佛它们是霞多丽、赤霞珠和马尔贝克[②]一样。啤酒酿酒师提及四种"高贵"的啤酒花品种时，就跟葡萄酒酿酒师用肃穆的口气说起某些"高贵"的葡萄品种一样。当然，你可以将把这四种"高贵"啤酒花称为经典拉格啤酒花。它们是德国的哈勒陶尔·米特尔弗吕、泰特南格和施帕尔特，以及捷克共和国的萨茨。此外，这些啤酒花之所以"高贵"更多因为它们的香气（柔和、花香、辛香），而非淡淡的苦味。

事实上，一些酿酒师正在效法以单一葡萄品种酿造的新世界葡萄酒，试验单一酒花酿造的啤酒。假行家如你必须指出：此类

---

① 法兰克尼亚（Franconia），中世纪早期德意志五大公国之一。
② 霞多丽、赤霞珠和马尔贝克均为知名酿酒葡萄品种。

啤酒很少像多种酒花混酿并备受好评的啤酒那样均衡、和谐。

在讨论啤酒花在啤酒中的作用时，偶尔得使用啤酒花的拉丁学名 *Humulus lupulus* 来增添你所作评价的庄重性。你必须解释一下，其直译为"狼性植物"。啤酒花之所以得此一名，就是因为不加以控制的话，它们会贪婪地蔓延开来，吞噬（好吧，是呛死）任何妨碍它们前进的其他植物。

大麦形成了啤酒的酒体，啤酒花则是绝对必要的调味品。若是没有啤酒花贡献的苦涩、干爽、芳香，大多数啤酒都会过甜，麦芽味过重，口味单一而缺乏平衡和层次。一般来说，一桶啤酒的原料是 20 千克（44 磅）的麦芽加上不过 150 克（5.5 盎司）的啤酒花，可以类比为类似蛋糕（麦芽）和糖霜（啤酒花）那样的共生关系。

当然，傻瓜都晓得啤酒酿造中只使用较大的雌蕊啤酒花。这些酒花被称为"锥"，其中含有提供苦味的 α - 酸和 β - 酸，以及产生树脂味、柠檬酸和花香的啤酒花油。

就像发芽的大麦已成为啤酒酿酒师的首选一样，啤酒花也已成为必备调味品。几百年来，其他如迷迭香、生姜、甘草、蓟、常春藤、鼠尾草、肉豆蔻、八角茴香和香杨梅等被加入啤酒的草药、水果和香料也给予其难以名状的口味。上述各种组合混酿在一起，被制成名为"草本酒"的调味混合饮料。顺便一提，别忘了比利时酿酒师就是以其质量极高的水果啤酒和小麦啤酒而闻名，后者更是以香菜、小茴香和干橙皮调味。众所周知，历史是轮回的，故而啤酒酿酒师如今又在试验使用罂粟籽、栗子、辣椒和杜松等调味的新潮精酿啤酒。然而，啤酒花与其他这些添加剂相比，具有显著的优势：啤酒花不仅可以中和麦芽的甜味，还具有抗菌、防腐的特性，能够防止啤酒变质。

他是位发明了啤酒的智者。

——柏拉图

啤酒花与卑微的荨麻和大麻关联甚密。过去，啤酒花被用于治疗偏头痛、尿床和麻风病，但效果不一。人们把啤酒花塞入枕头，用来防止失眠，如今啤酒花也仍被用于草药助眠疗法。啤酒花甚至被认为具有催情的效用——又一次提供了急需的平衡，只有在喝啤酒的情况下才能避免因过度饮用而导致的下垂效应（brewer's droop）。

啤酒花的特定类型正适应于酿造过程中各个阶段的特定效果。当麦芽汁在煮沸锅中沸腾时，通常会在较早时刻引入具有高 α-酸含量的"苦型啤酒花"；煮沸的后期（"后期啤酒花调味"）则添加富含芳香啤酒花油的"精制啤酒花"，以提供一系列辛香和柠檬酸风味。传统的英国艾尔啤酒通常投以"干啤酒花"，其中包括将一些"精制啤酒花"扔进用来熟成的酒桶中，将令人振奋的啤酒花香激发到最大限度。

啤酒花有多种方便的呈现形式，从整朵啤酒花干和压力塑形的小球（对清理煮沸锅比较友好）到新鲜的啤酒花（要赶在变质之前直接把啤酒花从茎上摘下来）不等。用新鲜啤酒花酿制的啤酒被称为"湿酒花啤酒"或"绿酒花啤酒"。使用液态酒花提取物[①]则算作弊行为，这就和在葡萄酒中添加木片一个德行[②]。在啤酒厂中，一小袋啤酒花被称为"口袋"。你现在已经熟悉足以让人生畏的啤酒花术语，是时候根据需要了解啤酒花的品种了。

除了前文提到的四个贵族啤酒花品种之外，英国假行家还需要熟悉一下英国啤酒花富格尔和戈尔丁。它们是啤酒花界的莫克姆和怀斯[③]，大受酒客欢迎：由富格尔（一种有泥土味、青草味的苦啤酒花）扮演配角，由戈尔丁（馥郁、热情的花香型酒花）带来阳光。戈尔丁在很大程度上负责在传统英国艾尔啤酒中引出橘子果酱般的风味。肯特郡和赫里福德郡自然也是英格兰的啤酒花种植"基地"。

大多数美国啤酒花种植在华盛顿州的雅吉瓦谷和俄勒冈州的威拉米特谷。美国人的啤酒花通常被称为3C——卡斯卡德（Cascade）、奇努克（Chinook）和哥伦布（Columbus）。要知道，提到美国啤酒花，就不能不提它们尤其具有侵略性的树脂和柑橘特性。这些特性最好的总结就是它们的招牌特征——仿佛把葡萄柚按在你脸上。作为美国精酿运动的代名词，它们被大量用于酿造惊人苦涩却芳香十足的淡色艾尔和印度淡色艾尔。然而，

---

① 指啤酒花浸膏等啤酒花高纯度提取物，是适应于啤酒厂大规模生产而出现的酒花制成品。

② 优质葡萄酒须在橡木桶中熟成以达到适饮，故而酒中会有一定橡木风味。一些大规模生产的葡萄酒则通过直接在葡萄酒中加入橡木片加速此过程。

③ 指英国喜剧演员埃里克·莫里克（Eric Morecambe）与厄尼·怀斯（Ernie Wise），两人搭档有著名的《莫克姆和怀斯秀》(Morecambe and Wise)。

假行家会对一些新浪潮美国啤酒酿造商似乎陷入了比谁酒花加得多的困苦缠斗而表示担忧，看看这些IBU高得吓死人的啤酒啊！IBU嘛，众所周知是国际苦味指数（International Bittering Units）的缩写，但有趣的是，它其实是"苦味指数"的一种测量方法。例如，残酷地用大量酒花调味的双料IPA，其IBU高达65甚至更高，而廉价的"割草机拉格"（"割草机拉格"是个贬义词，啤酒爱好者用它来泛指淡而无味、只适合在修剪草坪时补水用的啤酒。）或许只有少得可怜的区区10 IBU。IBU等级是根据啤酒花、α-酸、麦芽汁和酒精的比重经复杂计算得出的。耐心地解释1 IBU相当于每升啤酒中有1毫克α-酸，可正中你听众的心坎。是时候提醒他们，轮到他们请下一轮酒了！

酵母男孩

正如你现在所知道的，大麦赋予啤酒酒体，啤酒花用来调味，但酵母是啤酒风格的最终仲裁。说到底，酿酒师所选的酵母菌种对啤酒的整体风格和口味的影响比其他任何成分都要大。因此，讽刺的是，酵母是最后一块被普遍认同并充分理解的酿造拼图。因为酵母为肉眼所不得见，其发酵过程被认为是超自然的，是种名为"善唯上帝"的神圣礼物。直到1857年，路易·巴斯德才揭开了酵母的神秘面纱，成功将其鉴别出，发现它并不是什么魔法成分，而是一种单细胞微生物，一种消耗糖分而产生酒精和二氧化碳的微小真菌。1883年，在哥本哈根嘉士伯啤酒厂工作的埃米尔·克里斯蒂安·汉森设法分离并培养出了一株纯酵母，他称之为嘉士伯酵母。

在这一切被发现之前，酿酒师通过从最新酿造的一批啤酒中提取酵母来源，却毫无例外地会使酵母容易发生变异和感染。如今，酿酒商会雇佣戴着大号眼镜的微生物学家，将其独一无二、不可替代的酵母菌株存储在酵母库中。一些不怕麻烦的啤酒酿造商，尤其点名比利时的那些，仍然喜欢使用酒香酵母属（*Brettanomyces*）的野生酵母。他们把发酵罐向那些吸引空中小动物进来的自然元素敞开。这些野生酵母对待麦芽汁有着自己特立独行的方式，创造出于兰比克啤酒和法兰德斯传统的红色艾尔和棕色艾尔中可见的别具一格的酸味和农家风味。

在有几十种谷物组合和几百种啤酒花可供选择的同时，还有成千上万种酵母菌株任君挑选。即便如此，假行家可以只知道两种最基础的啤酒酵母：艾尔酵母（即酿酒酵母）和拉格酵母（即巴氏酵母，以巴斯德命名）。酵母（*Saccharomyces*）有个相当可爱的本意："糖真菌"。

正如你向听得如痴如醉的酒吧听众解释的那样，艾尔酵母和拉格酵母在发酵过程中的表现完全不同。艾尔酵母攀升到发酵罐顶部，在泡沫、高温和狂暴中大口吞噬糖分，不禁让人想起"工作"中的食人鱼，其发酵一般持续2—4天。与之相反，拉格酵母在非常凉爽的条件下达到最佳状态。沉入发酵罐底部后，酵母会慢慢地啃食糖分长达两周之久。这就是为什么艾尔啤酒被定义为"顶部发酵"，而拉格啤酒被定义为"底部发酵"。这种一一对应的特点很好记。底部发酵的啤酒往往有更高含量的气体，才喝一点，裤腰就开始徐徐变紧。某些啤酒上等人喜欢关注酵母工作的温度，由此将啤酒分为"中温发酵"（指艾尔啤酒）和"低温发酵"（指拉格啤酒）。艾尔酵母是更为挑剔的食客，它们会剩下更多的糖分。这就是为什么艾尔啤酒往往比拉格啤酒更甜，酒体更丰满，果味更馥郁。

便于参考，顶部发酵的啤酒主要有艾尔啤酒、世涛啤酒、波特啤酒、小麦啤酒和兰比克啤酒。底部发酵——抱歉，是低温发酵——则涵括从博克啤酒到比尔森啤酒各种各样的风格。

水到渠成

水是啤酒中的液体，即使是最烈、最上头的啤酒，也有95%是水。即使是像水这样看似简单的东西，也有足够给假行家吹嘘的机会，万岁！因为在酿造过程中，水绝不平凡。

水中矿物质的含量对啤酒的风格有很大影响。对于酿造多有裨益的矿物质包括氯化钠（盐），它可以增强风味；硫酸钙可以促进麦芽和啤酒花的提取，有助于发酵；硫酸镁可以激发酵母活性；氯化钙则能够提高甜度和口感。

啤酒的风格很大程度上受当地水质的影响，这就解释了历史上如伦敦、特伦特河畔伯顿、捷克共和国的比尔森、都柏林等酿酒中心出现的原因。伦敦和伯顿尤其"硬"的硬水含有大量的氯化钠和硫酸盐，是酿造淡色艾尔和印度淡色艾尔的理想用水。如果你胸中有勇，可以把伯顿艾尔啤酒由高浓度硫酸钙导致的明显的干和隐约的硫酸盐味称为"伯顿调"（Burton snatch）。水体中高浓度的氯化物提升了都柏林黑世涛啤酒的甜味，比尔森啤酒的温和则反映了波希米亚源头软水的特质（碳酸盐、碳酸氢盐和硫酸盐含量低）。

多亏了反渗透等技术进步，如今的啤酒酿酒师能够掌控水中的矿物质含量，以至于他们可以在任何他们喜欢的地方酿造各色风格的啤酒，当然也对精酿运动的国际化扩张起到了重要作用。例如，在特伦特河畔伯顿重现富含石膏和镁的酿造用水，投入淡色艾尔和印度淡色艾尔的生产，这种水质调整被称为"伯顿化"。

从刺激谷物发芽到冲洗发酵罐，估计只需五品脱水就可以酿成一品脱啤酒。可假行家务必要记住，在实际酿造过程中使用的水总是被称为"母液"。"水"是他们装进软管用来冲洗地板的东西。

吹去浮沫：上啤酒！

很少有比喝平静、温暖的啤酒那样更容易让人陷入失望深渊的饮酒体验。是的，即使是在凉爽的英国——尤其在夏天的时候。如果约翰·米尔斯的啤酒温吞无力，那么《恐怖之砂》[①]的结局还能切题吗？啤酒最大的敌人是热、光和油脂残留物，所有这些东西都会扼杀这一时刻，但很少有什么能像啤酒的泡沫顶那样煽动人的情绪。

[①]《恐怖之砂》(Ice Cold in Alex) 为 1958 年根据英国作家克里斯托弗·兰登的同名小说改编的公路电影，其片名直译为"亚历山大港的沁凉一饮"，讲述了 1942 年英军上尉护送两名护士从托布鲁克到亚历山大港的故事。该路线时不时会遭遇德军巡逻队，甚至遭到德国空军轰炸，危险异常。一名南非士兵建议他们从沼泽无人区穿过德军的封锁。由约翰·米尔斯 (John Mills) 饰演的上尉听取该意见后经历千辛万苦，终于完成了任务，在亚历山大港的酒吧中畅饮。小说中，角色饮用的啤酒是美国的莱茵戈尔德啤酒。虽说不是德国啤酒，但听起来很像。其时战争在许多人的脑海中阴影犹存，所以摄制组决定以丹麦的嘉士伯啤酒代替。但现实中，丹麦在第二次世界大战中被纳粹占领，所以他们不可能在亚历山大港喝到嘉士伯，更可能喝到的是当地啤酒。

从头喝起

啤酒中的泡沫由大麦芽中的蛋白质产生，泡沫中亦含有一定浓度的啤酒花油。这些油脂有助于稳定泡沫顶，使其紧贴玻璃杯壁，在啤酒倒出时产生令人垂涎的"挂壁"效果。如品酒部分（详见"口味之问"）所要讨论的，从最上面嘬一口就可一窥手中啤酒其啤酒花油和苦味的概貌。

假行家会注意到，桶熟啤酒的顶部常有很大的气泡（二氧化碳泡沫），而氮气啤酒顶部则是小而细密的气泡（氮气泡沫）。这样一来，假行家仅凭外观就可以区分氮气啤酒和桶熟啤酒。

有些人认为，丰腴的泡沫顶既可以使其底下啤酒新鲜，更能锁住酒中的气体，无疑会让你好奇这些人是要多久才能喝完一品脱。还有些人则认为，泡沫顶根本没有实际功用，而仅仅是美学层面的视觉享受。泡沫顶的功能从未在酒客中达成共识，但假行家大可辩称，泡沫顶的独特质地使得透过它们喝啤酒增添了饮酒乐趣。

假设你饮酒时比较看重泡沫顶，这儿有个在周围其他人杯里泡沫顶不见踪影时让你杯里的泡沫顶仍然坚挺的法子。任何形式的油性残留物都会破坏啤酒上的泡沫，首先玻璃杯应该干干净净、没有任何消泡洗涤剂的痕迹。避免在喝啤酒时食用花生、薯片和其他油腻腻的零食，哪怕是嘴唇上的油脂，也会瓦解泡沫顶。要是一颗流窜的花生掉进了你的品脱杯，那就和你的泡沫顶吻别吧，用（油腻的）手指试图把它捞出来只会让泡消得更快。唇膏也一样，要喝酒就少涂涂。

就尺寸而言，泡沫顶的厚度不应超过半英寸（1.27厘米），所以要是你觉得缺斤短两，就把钱给要回来。虽然欧洲大陆上一些泡沫顶超厚还不停朝杯子外冒泡的啤酒使得你用巧克力佐酒的行为都不会显得格格不入，但大多数啤酒的泡沫顶通常止于玻璃杯的上缘，所以也不用太较真。

下次从品脱杯的底部观察世界时，务必注意内底是否有纵横交错的花纹或是品牌信息。这些刻有十字的微小孔洞可以增加气泡的形成，从而能维持泡沫顶。倘若没有这些小凹坑，用普通的品脱杯装酒，泡沫顶的保持时间估计不超过三四分钟。

要是一颗流窜的花生掉进了你的品脱杯，那就和你的泡沫顶吻别吧！

这就把我们带到了起泡器①的奇妙世界。就像一个很小的乒乓球，起泡器上有一个小孔，当你打开一罐啤酒时，起泡器会产生细密的氮气泡沫以复刻出桶装啤酒的泡沫顶。啤酒罐是在氮气的压力下灌装的，如此一来部分气体就可以通过小孔充满起泡器。当啤酒罐被打开时，压力释放，气体从孔中逸出，便在啤酒

---

① 起泡器（widget）是一种放置在啤酒容器中的装置，用于形成啤酒的泡沫顶。最初的起泡器由健力士公司在爱尔兰申请专利。健力士的罐装啤酒中配有"浮动式起泡器"（floating widget），是一个直径约三十毫米的空心塑料球；健力士的瓶装啤酒中配有"火箭式小部件"（rocket widget），长度为七十毫米，底部有小孔。

中形成一股气泡。1969年，健力士啤酒公司申请了这一原始起泡器的专利。

唯手熟耳

如果你正在喝的是瓶装啤酒，那你理想中的半英寸泡沫顶取决于你把酒倒出来的方式。为了达到最好的效果，可以像倒香槟、柠檬水或任何碳酸饮料那样倒啤酒：以45°角握住杯子，慢而稳当地将啤酒倒入杯壁大约一半的地方。当啤酒碰到这个最佳位置时，慢慢将杯子竖回垂直位置。到这里，一切都很简单。

在倒出瓶装啤酒时更有趣的问题在于，你想不想喝到酵母的沉淀物。当然，一点点酵母无伤大雅，酵母实际上含有对皮肤、头发、指甲和肝脏有益的维生素。言尽于此，某些酵母沉淀甚至比其他东西的沉淀物更可口。一些比利时啤酒中的酵母有着令人愉悦的果香，以至于可以尽情尽兴地倾倒入杯中。事实上，比利时有句谚语说：瓶了的上面三分之二是用来满足头和心脏的，而下面三分之一（包括所有的酵母残渣）是用来满足胃的。

不想啤酒里有任何沉淀物？那就在倒啤酒之前把啤酒瓶在吧台上轻轻滚动。向感兴趣的看客解释，这种倒酒的预备仪式有助于让酵母沉淀物胶合在一起，使它们更容易留在瓶子里。

想要杯子里有大量酵母沉淀物，就需要施行经典的小麦啤酒倒酒法，也被称为"小麦啤机动"（Hefeweizen即德语"浑浊小麦啤"之意）。正如你所知，大多数小麦啤酒注定要在它浑浊，酵母还在杯子里打着旋的时候喝。像倒其他啤酒一样倒，但是到大约四分之三的时候——先确认是否有个正欣赏你一举一动的观众——停止倒酒，擦拭你的眉毛，轻轻晃动瓶子，以"捕捉"任何粘在瓶底的冥顽不灵的酵母。

不要晃得太过分，不然你最终只能摇出来一瓶泡沫。在倒入最后四分之一时，杯中啤酒会肉眼可见地变得更浑浊，更多酵母盘旋其中。以防没人注意到你的表演，举起你的品脱杯对着灯光继续端详你的杰作。

玻璃器皿

比利时人对玻璃设计和功能的重要性的理解别无可及，他们似乎为每种啤酒都定制了玻璃杯样式。许多比利时啤酒杯呈郁金香形、圣杯形或高脚杯形，就像矮胖版的超大葡萄酒酒杯。手握杯颈的时候，杯子里的啤酒可以保持更长时间的凉爽，而不会被手捂热，而且更大的杯子是保持奶油般硕大泡沫顶的理想选择。不过，也许更重要的设计初衷是因为传统葡萄酒杯的形状最适合欣赏酒的香气，为更多吸气和感叹之间的做作转杯创造了机会。形式和功能因此紧密结合。

与之类似，传统比尔森啤酒杯的长锥形形状高度借鉴了香槟杯，从而使我们能够欣赏气泡在杯中上升时的细流。高高的、花瓶一样的小麦啤酒杯则可以形成厚厚的泡沫顶，同时有助于悬浮的酵母颗粒均匀分布，以达到完全浑浊的效果。

传统的英国品脱杯适应于"喝很多"和"喝光它"的双重功能，不需要酒客停下来思考，也不必劳烦欣赏酒香。在英国，直身筒品脱杯被称为"袖子"(sleeve)或如西南部各郡叫"袖套"(sleeer)。假行家还可以说说,有柄品脱杯的传统凹陷设计是如何将英国苦啤闪亮的青铜色调表现得淋漓尽致的。当然,杯柄还能让温暖的手远离杯体。

> 酒之美,在执杯者眼中。
>
> ——金基·弗里德曼

在任何拥挤的酒吧里,点一杯色深而浓烈的比利时快克(Kwak)都会让人艳羡不已。传统上,它被装在圆底烧瓶里,就像什么来自实验室的液体,伫立在搁它的木架上。假行家可以向自己的听众解释:这种独特的容器要追溯到拿破仑时代,当时邮车司机被禁止停车喝啤酒。狡猾的酿酒商鲍威尔·科瓦克(Pauwel Kwak)通过设计一种可以挂在马车侧面木架上的玻璃杯解决了这个问题,给"麻利点儿快来一杯"赋予了全新的意义。

侍酒温度

英国人喝温啤酒是澳大利亚人编造的谣言。这种说法对于"除非嘴唇被冻得粘在啤酒罐头上,不然啤酒温度就是太高"的文化体系来说确实很有道理,结果他们却用来嘲弄一个拥有全球三分之一经典啤酒风格的国家。假行家要适当怜悯此种无知,耐心地解释:虽然拉格啤酒像白葡萄酒一样受益于较低的温度,但是酒体更丰满的艾尔啤酒正如上好的红葡萄酒一样,最佳适饮温度才是"窖藏温度"，也就是10℃—14℃之间，完全算不得"温暖"。此时，便可以指出：冷藏啤酒以牺牲风味为代价提升清爽度和碳酸感，而温暖的气温强化了甜味、香气和酒体。

在窖藏温度下开花结果的啤酒包括桶熟啤酒、波特啤酒和世涛啤酒、温和的修道院艾尔、兰比克啤酒。可以选择稍微温暖一些（约16℃的凉爽室温）的啤酒，如古法啤酒、陈年艾尔、大麦酒和帝国世涛。小麦啤酒、金色艾尔、淡色艾尔、印度淡色艾尔和多数英式苦啤可以抵御微寒（8℃—12℃）。在天平的另一端，大多数拉格啤酒应该充分冷藏（4℃—8℃）。冰镇到极致（4℃以下）的啤酒尝起来仿佛没有味道，使其成为许多澳大利亚拉格啤酒的理想侍酒温度。

储存

在没有正经地窖的情况下，最接近窖藏温度的地方可能是你家的车库，你也必须习惯成自然地管它叫"地窖"。地窖是你可以保存大量的瓶装啤酒、陈年古法艾尔、大麦酒、帝国世涛和波特啤酒、比利时修道院艾尔的地方。当然，大多数啤酒都被设计成在进门后的几个小时内喝完，但这些强劲的、高酒精含量的啤酒（有些仍带有酵母沉淀物）会优雅地熟成，在一两年后才会展示出更加复杂的风味。

务必留意"重酒花"啤酒（那些含有大量啤酒花的啤酒）的保质期，因为啤酒花油易挥发、较敏感，其精致的花香和树脂芳香易受氧气影响。"重酒花"啤酒如果放置过久，就会明显褪色。

多数啤酒瓶应该竖直存放。随着时间的推移，啤酒会使瓶盖老化，从而使瓶盖的密封性降低。当然，你也不会想让瓶熟啤酒一直躺着，因为这样一来，酵母的沉淀物离瓶口太近，倒酒的时候可就麻烦了。可话说回来，用软木塞的啤酒瓶应该水平存放，以防止因瓶塞变干而漏气，导致啤酒被氧化。在需要饮用的前几天，应把酒瓶恢复成竖直放置，让酵母残渣沉淀下来。

在家里房子没有地窖或车库的情况下，你应该把瓶装啤酒存放在尽可能干燥、黑暗、凉爽的地方，比如楼梯下的橱柜。重要的是，这一空间须保持恒温，所以要小心避开散热器和暖气管道的位置。持续的凉爽总要比一会儿冷一会儿热好。

瓶装啤酒还是罐装啤酒？

在瓶装啤酒还是罐装啤酒这一棘手问题上，假行家应该挑哪一边站队呢？诚然，罐装啤酒已经确立了"堆得高、卖得便宜"的坏名声，但近些日子，连时髦的精酿啤酒师也开始正视罐头的好处了。有些人盲目却信誓旦旦，说瓶装啤酒比罐装啤酒味道更好——具体地说，就是喝起来没有罐装啤酒的那股金属味。假行家可以提出这种想法或许是一定程度上的心理障碍，因为绝大多数的啤酒罐都内衬一层惰性塑料漆，正是为了杜绝啤酒与金属的任何接触。瓶子和罐子都是可回收的，但是罐子更便宜、更轻。啤酒瓶呢，其审美吸引力更强，同样也是啤酒鉴赏中的重要部分。尽管选择你的论据、你的武器。

我喜欢啤酒的味道，喜欢它鲜活的白色泡沫，喜欢它浓烈的黄铜色，喜欢透过湿润的棕色杯壁突然出现的世界，喜欢倾斜着让它冲向嘴唇，慢慢把它吞下能拍响的肚皮，喜欢那舌头上的盐、那杯角里的泡沫。

　　　　　　　　　　　　——狄兰·托马斯

口 味 之 间

在北欧、中欧和北美地区的传统饮酒文化中，啤酒可吃够了处处被葡萄酒压一头的苦。在传统的葡萄酒产区，情况则截然相反。在这些地方，酒瓶上或写有哥特字体的一瓶冰镇进口啤酒，不大见得能在一塑料瓶发酵葡萄汁边上体现出异国风情。然而，在啤酒的故乡，艾尔啤酒被视为一种可以在本分工作一整天后喝的实在饮料，是一种不怕卷起袖子、不会卡在你喉咙里的蓝领饮料。我们在确实需要解渴的时候才痛饮啤酒，而非在寻求淋有覆盆子稀果酱的山羊奶酪卷的完美佐餐酒时去喝它。

顽固守旧的拉格粗人仍以深深的怀疑看待葡萄酒讨厌鬼，轻蔑地看着这些人在华美辞藻的海洋里拍得水四处溅。可是你——安坐于象牙泵柄上的出类拔萃的啤酒假行家如你，懂得更多。凭借你对啤酒丰富的多样性深刻的了解，你知道现在是时候让喝啤酒的人也跳进这片华丽辞藻的海里了。一旦置身其中，这塘浑水就会变得讨人喜欢。当然，在酒吧里和你的伙伴们喝几杯啤酒（喝酒）和全面的感官分析（品酒）之间有着天壤之别。我们中的大多数都能应付前者，但对后者却无比纠结，因此以下是几点建议：

· 品尝啤酒的黄金法则——你会喜欢这点的——始终是咽下肚去。千万不要，无论如何都不要像葡萄酒品酒师一样把酒液吐出来。显然，不吐出来会限制在头脑清醒的情况下所能"品尝"到的啤酒量，但你的借口有理有据，能使所有人信服。由于我们的苦味受体位于喉咙和舌头的后部，吞咽时会突出啤酒花的特性、苦味和干。（"是苦味受体让我这么做的，我的朋友们。"）

· 千万不要尝试从罐头、玻璃瓶或者盛满的品脱杯里头品鉴啤酒。你可没法子透过罐头和有色玻璃欣赏到啤酒那微妙的色调；而如果你想晃动品脱杯以释放啤酒的香气（释放香气是品鉴过程中必不可少的一部分），你可能会淋湿1.5米半径内的所有人。

· 不，用来旋转和品尝啤酒的最佳容器——讽刺啊讽刺——是一个大小合适的葡萄酒杯，或者是一个文明的比利时人所喜欢的圣杯形的高脚啤酒杯。说到文明，任何一家像样的正宗艾尔酒吧都会乐意给你来一小口激发你好奇心的啤酒试喝。当然，啤酒品鉴中也有一些合理的限制，不要冒险强求别的观点。

观、嗅、吞

对品鉴礼仪和正确的品鉴工具确认无误后，让我们开始：

· 对啤酒的第一评价应出于视觉，因为我们确实用眼睛来吃喝，这是不争的事实。一款啤酒的颜色应当让你明了它的风格。它至少应该看起来清澈明亮；除非你要品鉴的是小麦啤酒，那样的话，浑浊才足够酷炫。你的比尔森啤酒是否足够金黄、气泡充盈？你的世涛啤酒是否足够黑暗而不透明？你的大麦酒或苦啤酒是否以其琥珀色的诱人光芒照亮了整间房？啤酒的泡沫顶是否保有其结构，在你的杯子外壁留下了一道精致的蕾丝花边？你明白了吧。把你手中的玻璃杯用白墙映着或者举起来对着灯光，就可以获得最佳的效果和最大的戏剧性效果。

· 接下来，执行前面提到的旋转动作，给你的啤酒通气，将酒香从沉睡中唤醒。深深地吸一口，自以为是地嗅一嗅，确保有旁人密切观察你的举动。此时此处，你可以对鼻子和舌头作为分析工具的相对优点进行论证。谴责舌头是一个缺心眼的骗子，只能感知四种基本的味道——甜、苦、酸和咸；赞美鼻腔的优点，尤其是位于顶部的嗅球，它能够探测到成千上万的细微差别。这就是为什么鼻塞也会剥夺我们的味觉。你能闻到小麦啤酒标志性的丁香味和泡泡糖味吗？你是否从狡诈的艾尔啤酒中闻到一阵苦中带甜的浓郁橘子酱香味？或是从耿直的世涛和波特啤酒中嗅见浓缩咖啡和黑巧克力的味儿？还是像受惊小鹿一样胆怯的比尔森啤酒那种花香般的细腻？倘若像罗伯特·路易斯·史蒂文森[1]曾说的"葡萄酒是瓶装的诗歌"那样，那么啤酒就是瓶装的散文，早就该有华丽篇章咏颂它了。

· 这会儿，你多半已经很渴了，而你的朋友们可能已经不耐烦地去了下一家酒吧，所以是时候倒点啤酒进你嘴里了。不要喝太多，毕竟你会想要吸入一点空气，就像反向吹口哨一样，让啤酒通气，释放出它的风味和香气化合物。别忘记要吞下去。显然，你会选择描述一些基本的口味，但是在这里你是在重新评估其苦味、质地（"口感"）和余味。为了给你的朋友留下深刻的印象（如果还剩下任何一个的话），找酒保把勺子，这样你就可以先品一品泡沫顶。啤酒花油集萃于此，让你可以很好地把啤酒花的风味和苦涩同啤酒的其他部分分开衡量。

· 就质地和回味而言，你的啤酒是柔滑细腻还是单薄寡淡？酒体是饱满的、中等的还是轻盈的？是泛着气泡，还是有气体存于酒液中，还是已经走了气？是温暖的还是清爽的？它是像丝巾一样抚过你的舌头，还是有点"粘连感"？喝到行将见底时，你的啤酒是否会像莎乐美的七层纱

---

[1] 罗伯特·路易斯·史蒂文森（Robert Louis Stevenson, 1850—1894），苏格兰小说家、散文家、诗人、游记作家，其著名作品有《金银岛》《化身博士》。据传史蒂文森于1880年拜访美国加利福尼亚州纳帕谷的酿酒葡萄种植园后在其旅行回忆录中写下此句，原句为"香槟是瓶装的诗歌"，后在流传中被改为葡萄酒。

舞一样，在诱人的层次上展现其特质？这些味道会不会像英超球员从诗歌朗诵会逃跑一样迅速消失？抑或徘徊不去，乘着柔软蓬松的麦芽云朵延伸向啤酒花香般跃动而朦胧的地平线？

来聊聊风味

提起风味，无疑会让人立马想到"麦芽味"和"啤酒花味"——无可非议是被滥用的废话，就像用"有葡萄味"形容葡萄酒、用"有牛肉味"形容牛肉，在酒标上写"麦芽味"和"啤酒花味"。这种废话是可耻的懒惰，有用程度跟"古法酿造""古英格兰的真实口味"不相上下。这两个词的卫道者却辩称：啤酒的语言还处于萌芽初期，虽说啤酒瓶标签上的信息越来越丰富，但是"麦芽味"和"啤酒花味"却展示了"咕咕"[1]和"嘎嘎"[2]的所有语言学发展。就是说嘛，葡萄酒的酒标想要花哨得离谱，任它去就是，为什么要强求喝啤酒的人面对如此富有启发性像英格玛码一样的酒标呢？

把啤酒简单地描述为"有麦芽味"和"有酒花味"是一种自欺欺人的做法。

---

[1] 原文作 goo-goo，有"爱慕的""孩子气的""呜呜声""政治改革者"等多种含义。
[2] 原文作 ga-ga，有"疯狂"之意。

所有这些都给了有抱负的啤酒假行家大显身手的机会。麦芽和啤酒花着实是啤酒风味的决定性因素，但是麦芽有那么多不同的烘焙程度，啤酒花有那么多不同的品种，所以把啤酒简单地描述为"有麦芽味"和"有啤酒花味"仍然是一种自欺欺人的做法。哪怕最顽固的正宗艾尔啤酒狂热分子也会承认：虽说是需要练习，但尽量要把你喝到的麦芽和啤酒花的特点说得更具体些。你的啤酒有什么麦芽特性？它是否会让你想起焦糖、蜂蜜、糖浆、糖蜜、巧克力、咖啡、烟、甘草或是葡萄干？倘若啤酒花定义了你手中啤酒的主要特征，那就用"酒花味冲"来形容它，然后再根据啤酒花的香味来选择用词。是花香的，是草腥，还是土味儿？你能闻到天竺葵、荨麻、松脂或柑橘类水果的味道吗？如果是柑橘类的水果味儿占上风，那它是橘子味儿？柠檬味儿？还是葡萄柚味儿？

你要是需要一点指导——许多英国酒吧已经采用"独眼巨人系统"（Cyclops system）来描述他们的正宗艾尔。2006 年，该系统由"正宗艾尔啤酒运动"和许多加盟酿酒厂发起，由其商标上描绘的一只鼻子（嗅觉）、一张嘴巴（味觉）和一只眼睛（视觉）而被酒客称作"独眼巨人"。你可能在各种啤酒泵的手柄上看到过它。提交给"独眼巨人"品鉴小组的每一款啤酒都会在甜味和苦味（鉴于是麦芽和啤酒花产生的味道）方面得到评分，满分五分，并以不超过三个单词来描述其"外观""气味""味道"。因此，埃弗拉德酒厂逐日金姝的甜度等级为 3，苦度为 1.5，其外观色泽为"稻草金"，气味是"精致的柑橘类水果"，味道是"微妙、热情、甜蜜"。假行家可以查看"独眼巨人"的官方网站（www.cyclopsbeer.co.uk）上其对正宗艾尔的品鉴数据库。这个数据库的大量简单词汇于你正称手有用。

你想要描述手中啤酒的动机可能来自记录下自己最喜欢的品牌和风格以备将来消费前参考的真实愿望，抑或仅仅出于更为原始的炫耀冲动。放宽心好了，我们这本书的目的不是要在这儿批判你的行为。

很有意思

早在二十世纪七十年代，一群大胡子啤酒研究员在英国萨里郡的酿造工业研究基金会召开会议，意图重新利用轮盘搞发明创造。他们设计了个"啤酒风味轮盘"——其实就是个巨大的饼状图，每一部分都描述了啤酒中常见的香气、风味和质地。他们的目标是创建一个国际通用的标准啤酒形容词体系。他们是否成功达到此目的尚无定论，但以下有一些比较有用的段落，并附有相应的形容词：

芳香——辛香，葡萄酒味

酯类——香蕉，苹果，泡泡糖

果味——柠檬，苹果，梨

花香——玫瑰，香水

树脂或草味——刚割过的青草味，干草味

坚果——核桃，椰子，杏仁

谷物——麦芽，稻香

烘烤过的——焦糖，甘草，焦煳味，烟熏味，面包皮

酚类——焦油

油腻的——干酪味，汗味，黄油味

硫黄味——划燃的火柴，臭鸡蛋，烧着的橡胶，烧煳的蔬菜

氧化的——尿味，霉味，猫味，雪利酒味，硬纸板味，泥土味

酸味——醋味，馊掉的牛奶

甜味——蜂蜜，香草，果酱

原始比重（Original Gravity）

"原始比重"，听起来像是什么前卫的摇滚专辑名，但"原始比重"实际上是啤酒酿造商衡量啤酒最终"强度"用的一种测量方法。没错，我们都知道酒标上印着的 ABV（酒精含量）可以明确地告诉你一种啤酒实际上有多烈，但是这么容易理解的东西又有什么乐趣呢？将"原重"（OG）定义为发酵前麦芽汁重量与水重量的比值，从而表明在酵母开始工作之前啤酒中可发酵糖的量。因此，考虑到水对水的重力比为 1.000，那原始比重为 1.040 的啤酒最终的酒精含量可能为约 4%。

要是这已经让你的酒友们晕头转向，就用下面的话再来一记重拳：欧洲大陆的原始比重等价物是柏拉图度和巴林度。到他们连声求饶，用一记快速的上勾拳 KO 他们：要把普拉托

度 [①] 或巴灵度的度数转换成一个大约的 OG 值，只要你乘以个 4。因此，一瓶 10 巴灵度或普拉托度啤酒的 OG 值应该是 1.040。简单吧？

好酒变质：如何发现缺陷

可悲的是，总会有一天，你对瓶中啤酒那蜂蜜般清甜和刚刚割下的青草气息的幻想会被腐烂的蔬菜或醋味粗暴地打断。与其掩饰失望之情，不如理直气壮地举出啤酒中的种种缺陷并要求更换。

变质啤酒最常见的气味之一是泛潮了的硬纸板的味儿，这就表明你的啤酒已经氧化了。要么过了保质期，要么就是储存不当而导致酒液与氧气过度接触，所以喝起来不新鲜。啤酒有类似雪利酒那种麦芽醋的气味也能证明你的啤酒被氧化了——除非你喝的是兰比克啤酒。如果是兰比克啤酒，那麦芽醋味就是值得你夸

[①] 1843 年，巴灵度（°Balling）由波希米亚科学家卡尔·约瑟夫·拿破仑·巴灵（Karl Joseph Napoleon Balling, 1805—1868）以及西蒙·阿克（Simon Ack）提出；十九世纪五十年代，德国工程师、数学家阿道夫·费迪南德·文策斯劳斯·布利克斯（Adolf Ferdinand Wenceslaus Brix, 1798—1870）纠正了巴灵度的一些计算错误，提出了白利度（°Brix）；二十世纪初，德国化学家弗里茨·普拉托（Fritz Plato, 1858—1938）和同事进一步改进白利度，提出普拉托度（°Plato）。三者本质上都是基于蔗糖的质量分数；其度量表的不同之处在于从重量百分比到小数点后第五位和第六位的比重转换。葡萄酒酿酒商以及制糖和果汁行业通常使用白利度。英国和欧洲大陆的啤酒酿造商一般使用普拉托度。美国的啤酒酿造商使用巴灵度、普拉托度和比重法的混合物。

奖一番的品质。把这种味道说成醋酸味儿就行。

　　总的来说，桶熟艾尔啤酒真的不应该在桶里待上超过一个月的时间，而且不管怎样你都不会想在允许这种事情发生的酒吧里喝酒。若你喝到的桶熟艾尔淡而无味、毫无特点，那就表明这桶艾尔啤酒已经过了保质期。有些啤酒吧，像陈年艾尔和深色的季节性啤酒，适合熟成后饮用。较高的酒精含量能让啤酒更浓醇，其酒体更为饱满，也使得它们"褪味"的速度更为缓慢。根据经验，小桶啤酒至少可以保存六周，而瓶装啤酒可以保存长达一年，但把啤酒放上一年不喝掉这种事并不可能发生。

　　不寻常的植物气味，比如芹菜味或欧防风[①]味，则可能是细菌感染的迹象。塑料、磷酸钙或杂酚油[②]那样的难闻气味则表明啤酒被野生酵母感染了。

　　泡沫过多，也就是所谓的"喷涌"，是感染杂菌或啤酒过陈的另一种迹象。泡沫过多也可能是由于啤酒的侍酒温度过高。可无论怎样，这样的啤酒都不能喝。你大声说出来就是了。对于任何啤酒，看起来像喷发的维苏威火山都不是什么好事。

　　淡淡的太妃糖味或焦糖味可好可坏，拉格啤酒中过甜的奶油糖果味常常会提醒经验丰富的啤酒行家其发酵或熟成的时间被缩

---

① 欧防风（Parsnip），中国民间俗称"芹菜萝卜"，是西方较常食用的一种蔬菜。欧防风第一次由欧洲引进中国时，农业技术人员发现其外形类似中药中的"防风"，故取名为"欧防风"。

② 杂酚油，又称为木馏油、压砖机润滑油等，是一种消毒剂和防腐剂，能破坏、杀死细胞。

短了。令人失望的是，茶水间还是不会有这样的拉格啤酒。假行家要把过于甜腻的奶油糖果气味用"二乙酰"这个词来形容（"二乙酰"是一个很好用的酿造行业用词，英文是 diacetyl）。

如果瓶装啤酒暴露于过多光照下，啤酒花油就会降解，这种情况被称为"光解"，会使啤酒产生特殊的菜味、橡胶味或狗淋湿后的那种气味。有些人管这种气味叫"臭鼬味"，但鉴于笔者从未近距离接触过臭鼬，无法对此发表评论。观察所得：褐色玻璃在避免光解发生方面最有成效，其次是绿色玻璃。透明玻璃嘛，显然是完全没用的东西。

也许，啤酒中最容易被误解的"缺点"就是浑浊，浑浊可能意味着各种各样的情况。当然，大多数小麦啤酒就是浑浊的。然而，这可能表明，桶熟啤酒没有获得足够的"躺平"时间。换句话说，为了进行二次发酵而引入的酵母还没有机会沉淀下来。也可能是你正喝着的就是桶底的渣渣。要是这样的话，除非你能进到酒吧的地下室里，不然你是没机会知道的。桶熟啤酒的侍酒温度要是太低，也会产生些微的浑浊，称为"酒花雾"（hop haze）或"冷雾"（chill haze）。在上述所有情况中，只要啤酒尝起来新鲜，就无伤大雅。反过来说，恶心的味道说明酵母菌处在悬浮的状态，能不喝，还是不喝的好。让你的鼻子来指引你吹嘘啤酒。

无啤酒、航空公司，不成真国家。有一支足球队或是核武器，大概也能建国，但不管怎样都至少需要一杯啤酒。

——弗兰克·扎帕

世界各地的啤酒

读到此处，假行家如你完全可以自信吹嘘啤酒的相关历史、啤酒如何酿成或是人们如何饮用啤酒，不过也该开始了解一些要紧细节了。你在高档酒吧的地位的起落会依据你对经典啤酒风格的了解而定。多亏精酿啤酒革命（别问是什么，读下去就知道了），几乎每一种风格的啤酒都能在一处男男女女敢于梦想、敢于下嘴的地方产出。然而，在本书中，每一种风格都是由它的起源国呈现的。广义上讲，英国人完善了艾尔啤酒，德国人赐予我们拉格啤酒，捷克人把啤酒变成了液态黄金，而那些个疯狂的比利时人之于啤酒则像法国人之于葡萄酒。

欧洲是所有流行的啤酒风格的发源地，这些风格在十八世纪通过殖民扩张、在十九世纪通过欧洲人大规模迁至美国的移民潮而传播。如今啤酒已经广为普及，它是世界上最受青睐的饮料（啤酒假行家绝对不要用"饮品"这种词），但其中有那么一种风格的流传度就是比别的都要广得多。我们说的当然就是拉格啤酒。

即使是心怀怨恨的艾尔狂人也不得不承认拉格啤酒的提神效果远超《使命召唤》(*Call of Duty*)。事实上，在天气炎热时，提神醒脑甚至可能是啤酒的唯一使命。

拉格啤酒在十九世纪后期随着一波德国移民踏上美洲大陆。虽然德国人对皮短裤[①]和嗡吧乐队[②]的偏爱仍然是一种小众嗜好，但德国人带来的拉格啤酒在新大陆的传播速度和铁路一样快。在这些来自德国的定居者中，有像埃伯哈德·安海瑟[③]、阿道夫·布施、弗雷德里克·帕布斯特[④]、弗雷德里克·米勒[⑤]、约瑟夫·施利茨[⑥]和

[①] 皮短裤是德语国家部分地区的男子传统服饰，如今多见于啤酒节，人们把皮短裤和粗革厚底鞋、长袜以及经典的白衬衫或格子衬衫搭配着穿。

[②] 嗡吧(Oompah)是一个拟声词，描述的是深沉的铜管乐器与乐队中其他乐器或音区的反应相结合的节奏感，是一种背景杂音的形式。嗡吧音乐通常与德国民族音乐以及波尔卡联系在一起。

[③] 埃伯哈德·安海瑟(Eberhard Anheuser, 1806—1880)，德裔美国肥皂和蜡烛制造商，同其女婿阿道夫·布施(Adolphus Busch, 1839—1913)一起创办了安海斯－布希公司。

[④] 弗雷德里克·帕布斯特(Frederick Pabst, 1836—1904)，德裔美国酿酒师。帕布斯特啤酒公司就是以他命名的，旗下有著名啤酒品牌"蓝带"(Pabst Blue Ribbon)。

[⑤] 弗雷德里克·米勒(Frederick Miller, 1824—1888)，美国威斯康星州密尔沃基市的一位啤酒厂主，在1855年收购木板路啤酒厂后创建了美乐酿酒公司(Miller Brewing Company)。

[⑥] 约瑟夫·施利茨(Joseph Schlitz, 1831—1875)，德裔美国企业家。1856年，他负责威斯康星州密尔沃基市的克鲁格啤酒厂的管理工作。1858年，当他与该酒厂创始人的遗孀结婚时，将其改为约瑟夫·施利茨酿酒公司(Joseph Schlitz Brewing Company)。

阿道夫·库尔斯[1]这样的人，他们都成了家喻户晓的人物。

　　他们利用包括玉米和大米在内的本地原料进一步开发拉格啤酒的潜能。此类原料给予啤酒的酒体和风味与大麦不同，却能加快酿造过程，满足了人们似乎无法抑制的"渴"望。啤酒熟成和调味的时间缩短，而过滤法和巴氏灭菌法也成了标准工序。随着品牌忠诚度在大规模广告的浇灌下生根发芽，"风味"开始退居次席。到1910年，美国已成为世界上最大的啤酒生产国，在此之后却下滑到中国之后的第二位。巴西目前排名第三，紧随其后的是德国——任何与啤酒有关的话题中都值得一提的国家。

　　1888年，福斯特兄弟（顺便说一句，他们来自美国）在墨尔本开设一家啤酒厂，拉格啤酒终是来到了澳大利亚。他们带来了美国一流的酿造技术，使用甘蔗等当地原料，这也解释了为什么澳大利亚的拉格啤酒往往偏甜。中国、日本、印度、泰国和印度尼西亚都有自己的拉格啤酒品牌。它们一般都以大米为主要配料，口味清淡爽口。

　　在英国啤酒的中心地带，起名时髦的奥地利-巴伐利亚拉格啤酒酿造与水晶冰工厂在伦敦建立了啤酒桥头堡。1885年，田纳氏啤酒厂[2]则在苏格兰掀起了热潮。到了二十世纪六十年代，

---

① 阿道夫·库尔斯（Adolph Coors，1847—1929），德裔美国酿酒师。他于1873年在科罗拉多州的戈尔登市创立了阿道夫·库尔斯公司（Adolph Coors Company）。

② 指维尔帕酿酒厂（Wellpark Brewery），于1740年由休·田纳特（Hugh Tennent）和罗伯特·田纳特（Robert Tennent）兄弟在苏格兰格拉斯哥的莫伦迪纳溪畔创建。该啤酒厂又被称为"田纳氏啤酒厂"（Tennent's brewery）。

凭借广告大肆宣传的拉格啤酒大举进犯英伦诸岛的啤酒销售市场，促发了1971年正宗艾尔啤酒运动的萌生。如今，拉格啤酒占全球啤酒饮用量的80％，在传统艾尔啤酒和波特啤酒屹立不倒的英国则仅仅接近于60％。

继英语和广东话，拉格多半能成为第三种国际性语言。然而，对于自命不凡过了头的一些啤酒行家来说，它仍然只不过一个L开头的单词。别犯这种低级错误。比如，你可以高仰着头灌下原汁原味的比尔森啤酒、金色的艾尔啤酒、深色的黑啤和浓郁的麦芽博克。对于啤酒鉴赏家（"鉴赏家"读作"假行家"）来说，拉格啤酒不是敌人，寡淡的流水线量产啤酒才是。

啤酒是我下午才起床的原因。

——佚名

为英国酿造

淡色艾尔与印度淡色艾尔

拉格啤酒身后，"淡色艾尔"必须是所有啤酒风格中定义最宽泛的一种，恰好也是色浅的艾尔啤酒的通用术语。更准确地说，"淡色艾尔"适用于一系列啤酒花调味、酒液呈铜色的苦啤酒，包括英式淡色艾尔、美式淡色艾尔、印度淡色艾尔（India Pale Ale，IPA）、双料 IPA、帝国 IPA、一些品种的比利时艾尔和英式苦啤。顾名思义，英国啤酒是由酒液"棕色"的程度来定义的，而淡色艾尔的棕色相对而言不如——嗯……棕色艾尔那么深。

"淡色"（pale）特指用来制造这种广泛风格的麦芽是浅色的。回溯至隐喻意义上的黑暗时代（或者说棕色时代），大多数英国酿的啤酒都是深棕色，由棕色或琥珀色的麦芽酿成。然而，随着十八世纪中叶焦炭窑的出现，这种情况发生了巨大变化。与传统烧煤窑相比，焦炭窑给予操作工更多的控制力，使得他们能够精确调整麦芽烘焙技术，从而生产出轻度烘焙的麦芽。英国的啤酒酿造业主要集中于伦敦和特伦特河畔伯顿,那里富含矿物质的硬水突出了啤酒花的苦味,使得淡色艾尔风靡一时。

但是,淡色艾尔显然实在太过苍白(pale),经不起前往印度殖民地的艰苦航行。大约在1790年,伦敦人乔治·霍奇森创制了一个更加强大的涡轮增压版本的淡色艾尔,后来被称为"印度淡色艾尔"。传统IPA的酒精含量约为7%,比普通的淡色艾尔要烈得多,它们被安排在船舷处堆垛也正是因为加入啤酒花的IPA具备抗菌和防腐的特性。实在不知道如何对它分门别类的话,可将IPA归为"酒花味冲"的风格。

在两次世界大战之间,由于对原材料的限制和对神志清醒的军需工人的迫切需要,许多英国啤酒的"上头度"都大打折扣。虽然蓬勃发展的微酿造运动助英国啤酒恢复了一些往日荣光,但其中多数仍然不过是在对原始版本苍白无力地模仿,IPA也不例外。唯一真正幸存下来的原始IPA风格是来自特伦特河畔伯顿那辛香十足、橘子酱香的沃辛顿白盾(5.6%)。不过,你可以指出,来自伦敦格林尼治的共此时IPA和伯顿桥帝国淡色艾尔都苦得令人发指,酒精含量分别占7.4%和7.5%——也是值得称道的个中佼佼。作为一个IPA狂热爱好者,你必须抱怨任何更弱的东西都只是让人失望的存在。

正因如此,你现在是从美国舶来的大男子主义淡色艾尔和各色IPA变种的忠实粉丝。在过去三十年左右的时间里,美国的精酿啤酒运动一直在为有想法的人酿制平淡无趣啤酒的解药。美国的新浪潮啤酒酿造商从欧洲经典啤酒风格中汲取灵感,并创造出

美国式高辛烷值 ① 的诠释版本。在精酿运动的早期，许多人采用英式淡色艾尔和各种 IPA 作为"酿造模板"，现在他们饶有兴趣地又将它们"返还"给英国。位于加利福尼亚州奇科市的内华达山脉酿酒公司被普遍认为是美式淡色艾尔的先驱，该公司于 1980 年推出了其标志性的辛香十足的内华达山脉淡色艾尔（5.6%）。

正如你现在所知道的，卡斯卡德、奇努克和哥伦布等美国啤酒花品种以其浓郁的芳香、树脂味和柑橘味（特别是葡萄柚香）等品质而闻名。事实上，如果你曾经在啤酒中嗅到强烈的葡萄柚味，通常值得试试暗示它可能是来自美国的啤酒花。其实很容易就能理解为什么这些呛鼻的美味与英式 IPA 之间有一种正等待发生的特殊关系，它俩在一起的话，正造就了风靡全球的浸润树脂风味的啤酒。

现在，一些英国酿酒商当然也通过在自家的啤酒中加入美国啤酒花来回馈赞美——共此时伦敦淡色艾尔（4.3%）就是将美国卡斯卡德酒花、世纪酒花与肯特郡产的戈尔丁酒花结合的范例。

在你对美国精酿啤酒业保持一股基于时髦的热情的同时，也应该对潜在的用酒花调味的粗暴手法表达一些担忧。美国人觉得"越多越好，越苦越好"的观念正面临随着酿酒商相互竞争而失控的危险。

尽忠职守的美国人于是创造了两种新的 IPA 模式，分别是苦得叫人咋舌的双料 IPA 和帝国 IPA。

---

① 辛烷值（Octane number），是衡量汽油性能的关键指标之一，是衡量燃料抗爆性的标准。

波特啤酒和世涛啤酒

波特啤酒的起源正如该种啤酒本身一般晦暗不明。尽管如此，酒友们等着上酒的同时，先用拉尔夫·哈伍德的故事来招待他们也不会有什么坏处。在十八世纪早期，伦敦的酒馆老板们经常用来自不同酒桶的混合酒招待顾客。每种啤酒都被称为"一线程"，而"三线程"（三种啤酒的混合物）最受欢迎。这使得酒馆老板可以根据顾客的选择混合不同线程的啤酒，并在没人留心的情况下卸掉劣质啤酒的库存。据说，作为东伦敦肖迪奇的贝尔酿酒屋的老板，哈伍德先生在 1722 年因为帮助大东街附近蓝楦酒吧的老板而"发明"了后来被称为"波特"（porter）的啤酒。据说，哈伍德以酒店老板最常用的混合啤酒为模板，酿造出一种不必耗费搬三个酒桶的劳动力的深色啤酒，他把这种啤酒称为"全酒桶"（Entire Butt），以此表明这是一种单源酿造的啤酒，而非混合啤酒。蓝楦酒吧在强壮的集市搬运工中很是受欢迎，剩下的就都是历史了。

波特啤酒是第一种以工业规模酿造的啤酒，所以它更为便宜、可靠，进而在英国工人阶级中更受欢迎。它开始主宰啤酒市场，就像工厂熔炉中的煤炭那样毫无异议地为工业革命推波助澜。波特啤酒就像鳗鱼冻 [①] 一样"伦敦"，哪怕如今一提到波特想到的却是爱尔兰。

---

① 鳗鱼冻是伦敦东区一种相当有名的小吃。将新鲜鳗鱼与醋及各种香料放入水中煮制，放置冷却后会变成胶状，其品相并不美观，但是在伦敦却格外受欢迎。

阿瑟·吉尼斯起初是一名艾尔啤酒酿造商，他在1759年推出了其用以征服世界的爱尔兰世涛——使用未发芽的焙烤大麦来获得更干的口感。在第一次世界大战期间，正是英国政府对制麦芽和啤酒强度实施限制的时候，吉尼斯的公司由此抢先伦敦各大啤酒制造商一步。剩下的就是打点时髦的广告和对圣帕特里克节①的精明挪用②了。如今，像IPA一样，波特啤酒是被寻求极端风味的美国精酿啤酒商攫取的一种复兴风格。

波特啤酒自深烘麦芽中获取典型的浓缩咖啡和巧克力苦味，虽以大量酒花调味，但对其最好的描述仍是以麦芽为核心的风格。尽管波特啤酒貌似黑暗、沉郁，可实际上它应该是清爽可口的。

那么，波特啤酒和世涛啤酒有什么区别呢？近年来，酿酒商不再那么坚定于把这两种黑啤绝对标签化，所以一个人心目中的世涛就是另一个人心目中的波特。然而，根据经验，波特啤酒通常比世涛啤酒略甜而少一点烟味儿。世涛啤酒，或有时被称为"干世涛"，理论上更干、酒体更饱满、酒精含量更高。波特啤酒

---

① 圣帕特里克节（St.Patrick's Day）为每年3月17日举行的文化和宗教庆典，于十七世纪起庆祝。3月17日是爱尔兰最重要的天主教圣徒圣帕特里克的忌日，人们在此日纪念圣帕特里克和天主教降临爱尔兰，并且庆祝爱尔兰习俗和文化，庆祝活动一般包括公众游行、社区集会、穿着绿色服装跟三叶草。根据天主教会礼俗，限制饮食饮酒的四旬大斋期结束时间正好接上圣帕特里克节，因而提升了此传统节日的酒精消耗。
② 健力士公司曾公然游说一些有众多爱尔兰移民的国家（如加拿大）将圣帕特里克节列为国定假日，从而刺激其啤酒销售。

出现得更早，而"世涛"本就是"强壮搬运工"（stout porter）的简称，在以前实际上是一种恭维。

假行家要是想令人信服地把持朝堂，那可得好好提高自己对各色世涛变体的知识。顾名思义，牛奶世涛中含有乳糖。乳糖无法靠普通艾尔啤酒使用的酵母（*Saccharomyces cerevisiae*）转化成酒精，因而使成品更甜、酒精含量更低（通常在3％—3.5％之间）。尽管第一款批量酿造牛奶世涛的厂家麦克森声称其"看起来不错，尝起来不错，而且天可见地对你身体好"，但没有任何证据表明世涛比任何其他类型的啤酒对人身体更有益处。当然，正如人们普遍认为的那样，牛奶世涛里肯定不含更多的铁。话说回来，喝牛奶世涛总比喝其他种类的世涛能让你少放屁，对女士们来说算是件好事。

牡蛎世涛自然是要包含真正的牡蛎的，不过不少牡蛎世涛只是用双壳类动物的粉末状提取物来增加一点咸味和一些额外的顺滑口感。燕麦世涛通常含有额外的已制芽或未制芽的燕麦，以使口感更顺滑而略带坚果味。巧克力世涛则添加以额外的巧克力麦芽制成，有时也直接添加大块巧克力。

帝国世涛（有时被称为"帝俄世涛"或"波罗的海波特"）是一个真正"上头"的世涛版本，已故的萨达姆·侯赛因好像管它叫过"世涛之母"来着。在俄罗斯的"大帝"家族——彼得大帝和叶卡捷琳娜大帝——中非常受欢迎，这种黝黑、甜美的怪物啤酒为啤酒花和（含量高达10％的）酒精所充斥，使他们得以在穿越北海时艰难地活下来①。时至今日，波特啤酒在波罗的海国家、斯堪的纳维亚半岛和东欧仍然很受欢迎。

值得一提的世涛啤酒包括来自英国赫里福德郡威河谷地丰盈的多萝西·古博迪牌康乐型世涛（4.6％），来自英国苏塞克斯郡浓郁而略带酸味的哈维牌帝国超级双料世涛（9％），同样来自苏塞克斯郡烈得吓人的暗星牌帝国世涛（10.5％），以及来自美国加利福尼亚州布拉格堡的北海岸酿造出品的绝赞啤酒老拉斯普京（9％）。后两款世涛都取用了令俄罗斯宫廷赞叹不已的涡轮增压风格。与此同时，共此时伦敦波特（6.5％）引入了一种野生酵母的元素，以重现十八世纪最初的伦敦风格略带酸味的品质。

苦啤

"苦"压根不是一个在寻找抓人眼球的品牌名称时能打动目标群体的词。更甚者，本质为苦的东西只会是一个营销经理最可怕的噩梦。你不会在美国啤酒上看到太多"苦"字，哪怕是那些苦得能融掉你五脏六腑的啤酒。但为了更好地理解"苦"（bitter）这个词，假行家首先要知道："苦啤"这个词是英国创造的；在这个国家，陈年啤酒传统上被说成是"陈腐的"；而这个地方仍然以"老家伙皮带""苏格兰短裙嗅探器""老池塘水"和"狗蛋蛋"（都是真实的啤酒名字）为乐。

---

① 或指俄罗斯所开发的北海航线，可使从东亚出发的货船穿越白令海峡后沿俄罗斯北部沿海经北海抵达欧洲，其路程比经苏伊士运河通向欧洲短上近一半，但必须在极地航行多时。

对于外行人来说，苦味听上去或许不大可口，但如你所知，苦味并不总是苦啤酒最重要的品质。"苦啤"，即"伟大英国啤酒"的同义词。在英国，苦味仍然是艾尔啤酒的默认风格，苦啤则发展成了淡色艾尔一种较弱的版本，是因第二次世界大战期间和之后原材料短缺的权宜之计。虽然淡色艾尔（尤其是印度淡色艾尔）可能会因为重度酒花调味而变得非常苦，但讽刺的是，苦啤通常会在啤酒花的苦味和麦芽的甜味之间寻求更多的平衡。然而，它们比相对较甜、麦芽味冲的"淡味啤酒"更苦，后者恰好在二十世纪五六十年代苦啤兴起时非常流行。和棕色一样，苦的程度是相对的，"苦啤"这个名字的出现是为了区分这种风格和温和的苦味。

苦啤有三种基本类型："普通"，最弱的一种，酒精含量在3％—4％；"优级"或"特级"，酒精含量或为4.5％—5％；"特优级"的酒精含量则在5.5％—6％。最初的特优级苦啤是传奇的富勒牌特优级苦啤，一款来自西伦敦富勒家格里芬酿酒厂酒精含量为5.5％、有果酱和水果蛋糕味的重量级产品。"普通"苦啤是完美的"会议啤酒"，因为几杯沉下肚去都不会让人变得太累或过于情绪化。满上同样杯数的特优级苦啤，你就会对酒吧老板的狗说你有多爱他。

谈话中可以提到的小众狂热品牌包括极其平衡的哈维牌苏塞克斯优级苦啤酒（4％），芳香怡人、果味醇厚的蒂莫西·泰勒酒馆老板（4.3％）——可以说是约克郡最著名的啤酒（俗称"蒂姆·泰勒"，或者简单地管它叫"老板酒"）。好吧，所以蒂莫西·泰勒自称它是一种"烈性淡色艾尔"，但它在"最佳苦味"类别中赢得了如此多的奖项，你没法不怀疑其中猫腻。

淡味啤酒

那么淡味啤酒是淡在哪里呢？回到我们的英国啤酒相对论，淡味啤酒一样适用棕色程度和苦味程度表，只不过它没有淡色艾尔、波特和苦啤那么苦。除了一些"普通"苦啤，淡啤的酒精含量比这些啤酒低。但要说酒液颜色的深浅和味道时，淡啤是毫不逊色的。典型的淡味啤酒，其风格以麦芽为主，以啤酒花为背景修饰，因此淡啤果味浓郁而伴以焦糖、咖啡、巧克力和甘草的丰富口感。尽管淡啤相对较甜，但低酒精含量（3%—3.5%）使得它喝来清新，其品质和价格同样获得了英国工厂工人的青睐。在二十世纪七十年代，淡啤的北方粗人形象开始动摇，尤其是在那些拥有新潮葡萄酒和梦想拉格啤酒的时髦南方佬中。如今，淡啤成了时尚复古的代表。

如今，在那些知情者中，温和是一种时尚的复古。

为约瑟夫·霍尔特牌爽滑淡啤（3.2%）激动吧，这是来自曼彻斯特的一种焦糖味深色啤酒。还有来自兰开夏郡出奇爽滑、叫人满意的莫尔豪斯牌黑猫（3.4%）。为了进一步卖弄你的啤酒知识，假行家可以指出，"霍尔特淡啤"苦味指数达 32，实际上比某些苦啤还要苦、还要棕。

英式金色艾尔

在过去三十年间，金色艾尔一直是英国独立酿造界的金童。英式金色艾尔是一种相对较新的艾尔啤酒风格，重酒花，轻麦芽，巧妙地结合了拉格啤酒适饮的清爽口感以及艾尔啤酒的浓郁和风味。对英式金色艾尔难道能有什么不喜欢的地方吗？侍酒时最宜冰镇的英式金色艾尔是一种轻到中等酒体的艾尔啤酒，用饼干色的浅麦芽作跳板，来展现柑橘味浓、花香馥郁的啤酒花的最佳弹跳力。即使对于开明豁达的拉格啤酒爱好者和彻头彻尾的正宗艾尔爱好者来说，金色艾尔都同样具有吸引力，已然席卷了英国啤酒节。你甚至可以说，金色艾尔几乎单枪匹马挑起了公众对精酿行业的兴趣重燃。我们似乎已经被金色迷住了。

你的最爱，那自然是二十世纪八十年代晚期引领金色潮流的两种啤酒。来自萨默塞特郡的起泡埃克斯穆尔金艾（4.5％）是为了庆祝周年纪念而酿造的一次性啤酒，而来自威尔特郡酒花余味酿酒厂愉悦人心的麦秆色夏日闪电（5％）是一种季节性的夏日啤酒。然而，应大众需求，现在这两种啤酒都是全年酿造的。

就像各种 IPA 和淡色艾尔一样，用上带清新柑橘风味的美国啤酒花的英式金色艾尔有着不可思议的亲和力。例如，来自萨福克郡的阿德南姆探索者（4.3％）是一种酒体轻盈的爽口金色艾尔，富含来自美国的哥伦布和奇努克啤酒花的葡萄果香。

苏格兰艾尔

由于苏格兰不种啤酒花，传统苏格兰啤酒酿造商历来倾向于尽可能节约啤酒花的使用，集中精力酿造深色、麦芽味重的怡人啤酒。

传统上，苏格兰啤酒按照一个基于十九世纪桶价的陈旧体系进行分类，有抱负的假行家应该好好学习一下这个体系。按效力（potency）升序排列，我们有"60先令"或"淡味"的苏格兰艾尔，酒精含量低于3.5％；"70先令"或"高度"的苏格兰艾尔，酒精含量占3.5％—4％；"80/90先令"或"出口"的苏格兰艾尔，酒精含量在4％—5.5％之间。"100先令"及以上，也称"苏格兰烈啤"（Wee Heavey），酒精含量达到了要把苏格兰短裙掀起来的6％—11％。显然，随着尺度的上升，丰醇度和酒体会逐渐增强。需要务必留心的是，由于某些莫名其妙的原因，当"苏格兰艾尔"达到某些致人眩晕的"烈啤"（Wee Heavy）水平时，它也会被叫成"苏格兰高度艾尔"（Scotch ale）。

传统的苏格兰艾尔在法国、美国——特别是在比利时，正处于复兴阶段，从二十世纪六十年代起，一度需要进口的戈登高地牌的苏格兰高度艾尔就开始在比利时酿造。显然，比利时人从第一次世界大战期间驻扎在此的苏格兰军团那里尝到了一些甜头。

你可能还会不小心喝到那种用泥煤熏制的大麦酿造的苏格兰艾尔，其酿造灵感大概是受到了同样由泥煤熏制的苏格兰威士忌的启发。苏格兰酿造业并没有以泥煤熏制大麦的传统，所以你可以用与因为一罐酥饼的盖子上有日本文字而保留它的同样的怀疑态度来看待它。

为了贝尔黑文80先令（4.2%），也要怀念一把老烟城[1]。但请不要学苏格兰人唱歌。

威尔士艾尔

威尔士一直被不公正地嘲笑为英国的酿造洼地，但假行家应当知道整个威尔士有超过五十家啤酒厂（其中大部分是微型啤酒厂）。按人均拥有的啤酒厂横向比较，苏格兰和威尔士的数据都超过了英格兰，有理有据地驳斥了这种"洼地说"。当然，英格兰也没有像由塞缪尔·阿瑟·布雷恩（Samuel Arthur Brain）于1882年创立的这种名副其实叫"大脑"的啤酒厂。布雷恩酿酒厂最为人所知的可能是它的旗舰款布雷恩牌SA艾尔——一种浅色的苦啤，其诨名"脑壳重击"（Skull Attack）更为酒客熟知。

陈酿艾尔

多大年纪的酒才能叫"陈酿"呢？对啤酒，就像对女士们一样，问年龄都是很无礼的。但要是酒标上写着"陈酿艾尔"，你就大可期待一种类似苏格兰艾尔或大麦酒那样深沉浓郁而温暖的饮酒体验，还带有果干和糖蜜的味道。理想情况下，它还应该有至少6%的酒精含量。然而，如今"陈酿"作为形容词被随意地滥用，也就是说"陈酿艾尔"的酒龄可以是从六个月到一年的任何时

---

[1] 老烟城（Auld Reekie），苏格兰首府爱丁堡（Edinburgh）的绰号。爱丁堡本因城市中烟囱泛滥、过度烧煤以及垃圾成堆导致城内烟雾缭绕而获此恶名，如今被爱丁堡人作为昵称。

间。有时，陈酿艾尔会被张冠李戴到增强过的淡啤头上。已经警告过你了！

虽然历史上从来没有过到底什么是陈酿艾尔的定义，但是人们普遍认为这种风格在过去的两百年里已经大变其样。在十八世纪末、十九世纪初，这些个陈酿艾尔被称为"原酿"艾尔、"烈性"艾尔或（营销人员理想的）"陈年"艾尔。陈酿艾尔几乎不含啤酒花。就算有，在木桶中经过长时间的陈酿后酒液会变醇厚，在这个过程中也会失去几乎所有的碳酸化。长时间暴露于野生酵母中会给陈酿艾尔带来微酸的口感，还会有一丝酱油和马麦酱[①]的味道（假行家也可以列举其他酵母提取物）。你一定要对这种略带咸味的风格的逐渐消逝而感到懊悔，但不妨从北约克郡出产的锡克斯顿牌老佩库利埃（5.6%）中重新找回昔日酸果和意大利香醋的味道。

其他令人兴奋的陈酿艾尔包括富勒酿酒厂的盖尔斯优等陈酿艾尔（9%）、格林王的烈性萨福克陈年艾尔（6%）和富勒酿陈年艾尔（8.5%）。于1997年首次出产，富勒酿陈年艾尔每年秋季发布并于啤酒厂举办比较每个年份的品酒会。毫无疑问，假行家如

[①] 马麦酱（Marmite）是一种由酵母提取物制成的可口食品，由德国科学家尤斯图斯·冯·李比希（Justus von Liebig）发明，原产于英国。它是啤酒酿造的副产品，目前由英国联合利华公司生产。马麦酱是一种黏稠的深棕色酱体，带有独特的咸味，具有强烈的味道和浓郁的香气。这种独特的品味体现在其市场口号中："爱则爱之，恨则痛恨。"由于马麦酱在英国流行文化中的突出地位，该产品的名称常常被用做某种后天习得的品味或倾向于两极化观点的隐喻。

你一定参加过相关的一些活动，并且衷心赞同啤酒厂的评估，即富勒酿陈年艾尔的熟成"远远超过他们被迫声明的'最佳适饮期'"。

托马斯·哈代艾尔是一款非常抒情的啤酒，假行家自然会对它的历史非常熟悉。1968年，为纪念哈代逝世四十周年，现已倒闭的埃尔德里奇教皇酿酒厂创造了这款啤酒。托马斯·哈代艾尔于1999年停产时，一度哀鸿遍野，人们咬牙切齿。直到2003年，埃克塞特郡的奥汉隆酿造厂以同样的配方重新将其复生投产。假行家要指出：托马斯·哈代艾尔或许是英国最烈的啤酒，其酒精含量为11.7％，而且据称可在瓶中熟成长达二十五年。凝视你手中的酒瓶，引用哈代对多切斯特烈啤的描述——这种啤酒正是受此启发才酿造而来："这是啤酒艺术家眼中渴望的最美丽的颜色，酒体饱满，却像火山一样生机勃勃；酒味辛辣，却不会呛到不适；像秋天的夕阳一样明亮；脱离味觉的固定条理，但最终，还是要人陶醉。"只有最敏锐的观察者才会注意到你不过是在读酒标罢了。

大麦酒

"大麦酒"这个名字是在十八世纪英国与法国之间还在发生各类冲突时创造出来的。由于葡萄酒不好买到，喝啤酒成了每个英国人的爱国义务。在木桶中陈酿一年或更长时间的这种超烈啤酒，它被创造出来为的就是代替英国人餐桌上的葡萄酒。事实上，《伦敦及乡村啤酒酿酒师》（*The London and Country Brewer*，1736）提到过：酿造烈性艾尔啤酒"好获取天然的葡萄酒品质"。

假行家可以提一嘴大麦酒的烈性（其酒精含量通常为 6%—12%）为它赢得了个不吉利的绰号——"烈啤"（stingo），这也是为什么传统上大麦酒都是用 6 盎司 [①] 小酒瓶灌装的原因。假行家可以承认自己是曼彻斯特出产的 J. W. 李斯酿丰收艾尔（11.5%）的狂热收藏者。像富勒酿陈年艾尔一样，J. W. 李斯酿丰收艾尔每年秋天都以复古的瓶子灌装发布，你会喜欢和志同道合的人对这些瓶子评比一番。

大麦酒正在精酿啤酒界享受着复兴的荣光，特别是在美国和比利时。不过，在美国，他们不允许称它为 Barley Wine，以免其中 Wine（"葡萄酒"）一词对酒客产生误导。为了避免混淆，他们要求管它叫"大麦酒式艾尔"（barleywine-style ale）。你还可以提到，美国西海岸的酿酒商正在打破传统，酿造大量啤酒花重度调味的大麦酒式艾尔——毫无疑问是因为俄勒冈州和华盛顿州的美国啤酒花花园离他们很近，但人们可能会认为你提起这点太过自命不凡。要举一个优秀的例子，那可以是内华达山脉出品的大脚板大麦酒式艾尔（9.6%），卡斯卡德、世纪和奇努克啤酒花在其中混合，赋予其复杂的苦涩柑橘调。

在圣诞假期中，一些美国精酿啤酒商会仅仅为了卖弄而推出过于浓烈的大麦酒式艾尔。谁能想得到呢？

---

① 1 英制液体盎司 = 28.41307425 毫升，文中 6 盎司约 170 毫升。

一大杯（可不够）①

德式拉格

慕尼黑清亮啤酒（Helles）

从 1842 年在波希米亚比尔森创造的原始金色比尔森啤酒中汲取灵感，慕尼黑的施帕滕啤酒厂在 1894 年首次酿造清亮啤酒，使其成为或许是德国第一款金色拉格。也被称为"慕尼黑本味拉格"的清凉啤酒，是慕尼黑人欢度美好时光的必备啤酒。正是这嘶嘶冒泡的巴伐利亚②金色尤物启发了数不清的皮短裤男，现在仍然每晚有人在慕尼黑的露天啤酒馆里穿着它们。

Hell 在德语中意为"光"，但和英语一样一词多义，它也可

---

① 标题原文为 Einstein（is not enough）。德国啤酒杯（German beer stein）是德国制造的一种用于啤酒饮用的杯子，Stein（德语"石头"意）来源于 Stein Krug（德语"石酒杯"意）。Ein Stein 亦可直译为"一块石头""一杯酒"，此处英文刻意以 Einstein（爱因斯坦）进行双关。
② 慕尼黑为德国巴伐利亚州首府。

以用来指啤酒的颜色"浅"。清凉啤酒确实是一种精致、可口的解渴饮品，可实际上它的酒体因丰富的麦芽和花香调啤酒花的特质可以相当饱满。德式金色拉格（见鬼，就不能直接叫它比尔森啤酒吗？）比他们的波希米亚同胞更干，酒体更轻盈，颜色也更浅，导致其愈发明显、坚定的苦味，你不觉得吗？

奥古斯丁酒窖凭借旗下清凉啤酒 5.2 % 的酒精含量，无愧为慕尼黑人珍视的地方品牌。这是慕尼黑最古老且仍然独立的啤酒厂，还以拒绝做广告而闻名当地。被奥古斯丁酒窖的清亮啤酒灌满的大酒杯摇摇晃晃地高高举起，不是因为大量的广告支出，而仅仅是由于当地人的热爱。

三月啤酒与十月啤酒

在冰箱出现之前的日子里，巴伐利亚啤酒酿造商会在春天囤积浓烈的啤酒，在炎热的夏季把它们贮藏在冰冷的洞穴和地窖里，以备秋冬饮用。因此，这些酒体饱满、麦芽味浓郁的半干型啤酒通常在三月（德语为 März）酿造，在十月（德语为 Oktober）的狂热庆典中开瓶。这就是世界上最大的啤酒节——慕尼黑啤酒节的由来。如果你打算参与这一盛会，而且希望自己在他人看来像是懂些德国啤酒的门道，那你会需要下述的大部分信息。你还需要知道，啤酒节的多数时间其实在九月，也是挺奇怪的一件事，但九月的天气的确更利于深夜畅饮。

三月啤酒和五月啤酒靠琥珀麦芽获得其温暖的铜红色，琥珀麦芽有时也被称为"维也纳麦芽"，因为曾经用它在维也纳这座城市酿造出了带红色的半干型啤酒。这也是另一种正在美国精酿啤酒商手中复兴的风格。赫佰仕啤酒节三月啤酒（5.8％）正是这类季节性啤酒的优秀代表。

德式深色啤酒和德式黑啤

我们总是把深色啤酒（dunkel）和德式黑啤（schwarzbier）混为一谈，只因为两种啤酒的酒液颜色都比较深，但假行家切勿犯混淆两者的小学生错误。Dunkel 在德语中意为"黑暗的"，也被用作描述各种德国啤酒的前缀。德式深色啤酒基本上是拉格啤酒，多数德国啤酒也差不多都是拉格啤酒。不过，你可能还会遇到深色（浑浊）小麦啤（dunkel hefeweizen）——一种黑麦啤酒，而它，当然是一种艾尔啤酒。另一方面，schwarzbier 从字面意思直译过来就是"黑啤酒"，具体点说，就是拉格啤酒的一种风格。根据经验，德式黑啤的颜色比深色啤酒更深。可尽管它们更黑、更不透明，德式黑啤往往更干，酒体更轻盈，其易饮的特质会颠覆你对这种啤酒墨黑色调引发的期待。凯斯黑啤（4.8％）看起来相当"世涛"，却是典型的淡味黑啤风格。

最著名的德式深色啤酒是慕尼黑深色啤酒。在时髦华丽、讨人喜欢的金色清凉啤酒来敲门之前，慕尼黑深色啤酒是巴伐利亚州的日常啤酒。慕尼黑深色啤酒传统上以深色慕尼黑麦芽酿造，而酿出的啤酒则从桃花心木般的深红到深棕不等。这是一种甜美的，有麦芽味前调、啤酒花回味的啤酒风格，还带有烤焦糖的味道。卡登堡酒业出品、柔和爽滑的路德维希国王深色啤酒（5.1％）[1] 有着不止一个让人不禁满口灌下的优点，而且属于典型的慕尼黑深色啤酒风格。假行家绝对不能把慕尼黑深色啤酒和深色小麦啤酒混为一谈，更不能把恩格尔贝特·洪佩尔丁克和英格柏·汉普丁克[2] 混为一谈。

只要手里举着一杯深色的拉格啤酒，假行家总是能吹嘘得当，赢得酒友们崇拜的目光。

博克

品味着手中色深、强劲的博克啤酒其醇厚深沉的麦芽香气，你可能会想起（很明显是"想"出声来）德国啤酒酒标上一个罕见的双关语例子。"博克"（Bock）其实是啤酒风格的发源地——德国汉诺威附近艾恩贝克（Einbeck）的一个堕落的缩略称呼。可显然，你要是用巴伐利亚口音读 Einbeck，听起来会更像 ein Bock，意即"一只公山羊"。"瞧，"你可以指出，"酒标上甚至还有一只可爱的小山羊。"你喝的博克越多，这一切就越有趣，漫漫冬夜亦将随之飞逝而去。

---

[1] 此款啤酒在国内一般被直接译为黑啤，正呼应本节反复强调的"我们总是把深色啤酒和德式黑啤混为一谈"。

[2] 德国作曲家恩格尔贝特·洪佩尔丁克（代表作有歌剧《汉泽尔与格蕾泰尔》）与英国流行乐歌手英格柏·汉普丁克的姓名原文均为 Engelbert Humperdinck，其音译名因德语与英语的发音差异而在译介至中文时有所不同。

婴儿时喝牛奶，长大了就得喝啤酒。

——阿诺德·施瓦辛格

博克啤酒酒标上的山羊绘图其实是一个警告，其酒精含量在
6.3%—7%之间徘徊，是那种像骡子尥蹶子踢你脑袋一般上头的
拉格啤酒（用"山羊顶你屁股一般"这样的形容不太好，实在听
起来不太对劲）。"双料博克"，也被称为德式烈啤①，甚至更强劲，
有着可从7%一路攀升到令人眩晕的14%的高酒精含量。

博克风格的拉格啤酒首次酿造于十四世纪，由僧侣酿造和饮
用，以作为大斋期②的能量来源，此类啤酒于是被称为"液体面
包"。有史以来第一款双料博克就是由慕尼黑传奇的保拉纳酿酒
厂的僧侣酿造的。他们称这款双料博克为"救世主"（Salvator），
在1896年就注册了商标。随后的事实证明，双料博克受欢迎到
连竞争对手的啤酒厂都忍不住要模仿它的程度，他们甚至在命名
自己的版本时也要加上 –ator 的后缀。假行家尽可以解释说：这
就是为什么世界各地的双料博克仍然有"雷管"（Detonator）、"毁

---

① 原文为德语 starkbier，直译即"烈性啤酒"，为区分而译作"德式烈啤"。

② 大斋期（Lent），天主教会、东正教会称四旬期，信义宗称预苦期，是基
督教教会年历的一个节期。拉丁教会称四旬（Quadragesima）。整个节期
从大斋首日开始至复活节止，一共四十天（不计六个主日）。天主教徒一
日只能吃一餐正餐，以斋戒、施舍、克己及刻苦等方式反省自己的罪恶，
并准备庆祝耶稣基督由死刑复活。其间，特别以守斋（即禁食）作为复活
节的准备。

灭者"（Devastator）和来自美国宾夕法尼亚州我们最喜欢的"爽滑酒花执行者"（Smooth Hoperator）等诸如此类的名字。在慕尼黑，每年三月的德式烈啤节随着官方破开一桶"保拉纳救世主"，正式宣告冬天的结束。

冰博克更是一个尤为烈性的版本，其浓度通过将啤酒冷冻而进一步提高。因为水的冰点比酒精低，所以可以以冰的形式被除去。通常情况下，啤酒会损失大约10％的水分，最后留下大约10％的酒精含量。大部分博克啤酒都有甜甜的麦芽味，而五月博克[①]虽有同双料博克相似的烈度，相对而言尝起来却是重度酒花调味的苦涩。烈性小麦啤酒通常被称为"小麦博克"。

要借名品自抬身价，那必然要举保拉纳救世主（7.9％），当然还要提魏尔滕堡修道院阿萨姆博克（6.9％），它尝起来像甜味黑面包——如果你想，就说"液体面包"。

烟熏啤酒

在啤酒上掉书袋的黄金法则：绝对不要在品尝啤酒时表现出惊讶。如不慎泄露这是你第一次喝烟熏啤酒，那你假行家的身份势必暴露。因此，若有灵魂深处为恶作剧爱好者的酒友递给你一杯烟熏啤酒，你千万不能跳过"嗷，我的天哪，这玩意喝起来跟熏肉一样！"这样的一惊一乍。

[①] 五月博克（Maibock）是一种颜色较浅、重度酒花调味的博克，一般在春季节庆时饮用。由于颜色较浅，五月博克也被称为"清亮博克"（Helles Bock 或 Heller Bock）。

烟熏啤酒，酒如其名，可以是任何风格的啤酒，但通常是中等烈度的深色拉格啤酒。

在十八世纪后期焦炭窑得以进化之前，所有麦芽或多或少都带点烟熏味。但是，当酿酒界都采用更新、更清洁的麦芽制造方法时，巴伐利亚州北部的弗兰肯[1]酿酒师仍毅然决然地继续在山毛榉烧起来的炉火上烘烤麦芽。如今，这种不合时宜的古怪成就了一方地域特色。烟熏啤酒是一种爱则爱之、恨则痛恨的风格，但作为一个经验丰富的专业人士，你别无他选，只能爱它。最知名的烟熏啤酒莫过于朗客艾希特熏啤（5.1％），尝起来就像腌在正山小种里的烟熏火腿。记下这一类比，有备无患。

观察一下，上弗兰肯每平方公里土地上的酿酒厂比欧洲任何国家都多（大约每十九平方公里有一家），因此，该地酿酒厂密度很可能比全世界任何国家都高。

德式艾尔啤酒
德式小麦白啤

色浅而有趣的小麦啤酒可能看起来略显"拉格"，但实际上还是一种艾尔啤酒（顶部发酵），而且它们并非仅由小麦酿制。根据

---

[1] 弗兰肯（Franken），或经英语译为法兰克尼亚（Franconia），是德国的一个历史地区，其起源于法兰克人从六世纪起在此定居。弗兰肯的大致范围是德国的巴伐利亚州北部、图林根州南部以及巴登－符腾堡州的一小部分。弗兰肯在巴伐利亚州的部分则由上弗兰肯、中弗兰肯、下弗兰肯这三个区域构成。

法律规定，德国的小麦啤酒必须有至少 50％的小麦含量，可实际上大多数这些啤酒的小麦含量在 60％—70％之间，其余才是大麦麦芽。如你所知，比起大麦，小麦会产生更酸涩、些微更尖锐的味道，可物极必反。不酿制 100％纯小麦啤酒的主要原因是鉴于纯粹的实用性。因为小麦没有壳，所以几乎不可能对纯小麦醪液进行"过滤"（lauter）。也就是说，酿酒师没法将麦芽汁（发酵前富含糖的溶液）从用过的谷物中分离出来，而把所有的碎渣都捞出来更是件麻烦事。德式小麦啤的小麦含量往往很高，也因此较比利时啤酒喝起来更酸一点。

把小麦啤酒的味道描述为"泡泡糖味"是社会公认的。事实上，"泡泡糖味"是任何一个绞尽脑汁和形容词作斗争的假行家可用的首选之词。其他典型的词汇包括"丁香味"和"香蕉味"，这无疑解释了为什么小麦啤酒仍然是一些人后天养成的喜好。当然，假行家如你，自然是几年前就养成了品鉴小麦啤酒的口舌。我来，我尝，我得纪念衫。

如果你打算矫情地谈论德式小麦啤，你需要分得清你手上的浑浊小麦啤（hefeweizen）和深色小麦啤（dunkelweizen）。在德国大部分地区，小麦啤酒被称为"白啤"（weissbier）。只有在巴伐利亚州才管它叫"小麦啤"（weizen）。这些术语在多数时候是可以互换的，尽管南德的小麦啤酒可能不那么酸。它们肯定不如柏林特产的柏林白啤那么"清爽"得要当地人时而添加一些树莓或木果糖浆以缓和此种刺激。柏林白啤因暴露于乳酸菌（也用于比利时的兰比克啤酒）而产生酸乳酸的风味。柏林金德尔白啤

（3%）就是这种典型的爽利、酒精度低的风格。

大多数小麦啤酒灌装前未经过滤，因此外观浑浊。在德国，这种啤酒被称为"浑浊小麦啤"（直译为"酵母小麦啤"），而水晶小麦啤则是经过过滤的，因而酒液干净清透。线索其实就在名字里。如你所料，未经过滤的浑浊小麦啤，其酒体更丰满，有更突出的泡泡糖味和香蕉味。对于那些不太喜欢火箭筒牌泡泡糖（其他牌子也一样，挑个你的听众最熟悉的牌子）的人来说，则适合往往更清淡、更清爽的水晶小麦啤。

据记载，巴伐利亚人还生产黑小麦啤、深色小麦啤和涡轮增压的小麦啤版本——"小麦博克"。

在德国，千万别向服务员要求用一片柠檬或橙子佐酒，这么干会冒犯到人的。柠檬油会破坏泡沫顶，掩盖啤酒本身精致的味道。德国人一般把这种行径留给比利时人用香菜、小茴香和陈皮干去装点（糟蹋）他们的比利时小麦啤。

如果你不喜欢香蕉，可以试着让服务员给你上一杯施耐德白啤本家原味（5.4%）。如果你想让自己的钱花得更值得，那么就点上一大杯的施耐德白啤本家阿文提努斯（8.2%）——一种小麦博克。

科隆啤酒

科隆啤酒自然来自德国科隆。尽管科隆啤酒看起来色浅、像拉格啤酒，可它经顶部发酵而得，所以它是一种正经的艾尔啤酒。你知道，诀窍在于使用颜色非常淡的麦芽酿制啤酒，然后像拉格啤酒一样在凉爽的温度下长时间贮存。其结果正是酒精含量在 4.3％—5％，兼顾拉格啤酒的轻盈、新鲜、充盈气泡以及果味之隐匿风情的这一微妙、精致的艾尔啤酒酿造成果。你可以把它说成是如今大行其道的英式金色艾尔的远亲。

德国人对他们的啤酒有极强的地域自豪感，所以你不必惊讶于发现科隆啤酒的饮用量占科隆这地方整体啤酒饮用量的一半以上。因为这是"他们的啤酒"，科隆人有他们自个儿的饮酒习惯。传统上，科隆啤酒被倒入名为 Stange① 的直边玻璃小杯（20 厘升②）中侍酒，这让慕尼黑人民乐不可支——他们用一升量的巨大 Stein 侍酒。但或许还是喝科隆啤酒的人能笑到最后，因为他们的啤酒被装在小得多的杯子里，从来不会因为在杯子里待太久而失去应有的凉爽。

你要是发现自己身处科隆市中心的一家 ausschank（直译就是"啤酒厂水龙头"），你会由身着蓝衣、被称为 Kobes 的服务员招待。Kobes 其实是雅各布（Jacob）的缩写，莫要惊慌。他们端着放好刚刚满上科隆啤酒的托盘在过道里逡巡，在客人杯子空了的时候立即更换，靠杯子下面的杯垫来标记销量。当你清楚明白自己已经喝够了（总是很难察觉），只要把杯垫放在杯子上面，服务员就会数好所有标记，算好钱然后把账单给你。相当简单的流程，而且相当得体。到你下次不得不在酒吧里挥舞十英镑的钞

---

① Stange 是一种传统的德国玻璃杯，其德语本意是"棍子"。这种高而细长的圆柱体被用来盛放更精致的啤酒。
② 厘升（centilitre），非常用体积单位，多用于酿酒行业，1 厘升合 0.01 升。

票，同时手肘戳着两边腰子的时候，你可能会想要分享一下这一轶事。

把你在科隆喝过、备受欢迎的多姆科隆啤酒（4.8％）作为着重点名的酒款。也许你更喜欢它的原因是它含那么一星半点小麦麦芽，但到底要不要宣之于口完全取决于你自己。

德式陈酿艾尔

杜塞尔多夫的陈酿艾尔——或者强调一下是德式陈酿艾尔——有着一丝丝不易察觉的啤酒花味和更浓郁的麦芽风味，是你在德国所能找到的最接近英式啤酒的啤酒。就像他们的盎格鲁－撒克逊表亲一样，德式陈酿艾尔用颜色更深（烘焙程度更高？把书翻回去看一下英式陈酿）的麦芽和顶部发酵的艾尔酵母酿造而成，但是像科隆啤酒一样，它们需要历经对典型拉格啤酒而言长时且凉爽的发酵期。因此，你多半会想把这种老啤酒（altbier）说成是一种"混血啤酒"。深铜色的致乌里格陈酿（4.7％）具有层次复杂的圆润焦糖风味和厚实的米黄色啤酒顶，是这种啤酒风格的典型代表。有人认为，它应该直接被叫作"老啤酒"，因为它比底部发酵的金色拉格啤酒更早出现在德国。这当然也是在杜塞尔多夫的老城区唯一能看到、喝到的啤酒。假行家不应支持任何备选品。

看看捷克

作为一个抽着烟斗、穿着灯芯绒衣服的啤酒专家，你自然深谙 1842 年的意义之重大。正是这一年，一系列事件快乐地融汇到一路，为金色拉格的诞生创造了条件。自公元前 9000 年美索不达米亚人第一次破解酿酒密码到这一奇迹之年，所有的啤酒不是黑色的，就是浑浊的，甚至两者兼而有之。事后诸葛亮地称：既然现在世界上 80％的人喝的啤酒都是金色的，那么这一发现的重要性也不难理解了吧。

倘若这一拉格啤酒里程碑可以用啤酒世界的"耶稣诞生"作比，那么"马槽"自然位于如今捷克共和国的波希米亚小镇比尔森。比尔森的好镇民对镇上啤酒的质量大失所望，所以在 1839年，他们在市政厅前倾倒了一桶桶有问题的啤酒。誓要酿造出保质期更久、口感更好的啤酒的比尔森镇民于是着手建造人民酿酒厂（Bürgerliches Brauhaus），同时任命巴伐利亚人约瑟夫·格罗尔为酿酒主管。

格罗尔显然是一位相当有才华的酿酒师，他在正确的时间出现在了正确的地点。

捷克共和国，或者说当时的波希米亚，拥有得天独厚的酿酒资源：欧洲最软的水质、来自哈那[①]高原的顶级大麦、来自扎泰茨[②]西北部地区珍贵的萨茨啤酒花。格罗尔把上述优势和巴伐利亚产冷发酵酵母以及英国开发的浅色麦芽制造新技术结合在了一起。波希米亚的软水从这些新奇的浅色麦芽中萃取出少许颜色，生产出的啤酒有着前所未有的明亮度，甚至呈现金黄色。

酿造过程则得益于同样来自英国的新型冷却盘管技术，这种技术可以更好地控制发酵温度；还得益于一个由凉爽砂岩地窖组成的巨大网格，以便长时间悠闲地使啤酒冷熟。

侥幸构成如此完美图景的最后一块拼图是同时期出现的玻璃饮水器皿，如今称为"玻璃杯"。还有什么更好的材料能用来展示这种新型金色啤酒熠熠生辉的光彩呢？在终究还是被玻璃杯取代的木制杯子和锡制杯子里，金色拉格的视觉效果则会丧失殆尽。

随着慕尼黑的施帕滕酿酒厂于 1894 年首次酿造金色拉格，很快，所有人都沉溺在了金色拉格的瑰丽之中。假行家会记得它

---

① 哈那（Haná）是捷克共和国摩拉维亚中部的一个人种学地区。哈那以其肥沃土地、繁复服饰和传统习俗而闻名。

② 扎泰茨（捷克语为 Žatec，德语地区称 Saaz）是捷克共和国乌斯季州的一个城镇。扎泰茨以七百多年的贵族啤酒花——萨茨啤酒花的种植传统而闻名，这种啤酒花只被少数啤酒厂使用。

被称为"清亮啤酒"（名副其实的"色浅"或"澄澈"）。德裔移民不失时机地带着金色拉格去往大西洋彼岸的美国。早在任何比尔森人意识到注册"比尔森啤酒"这个名字不失为一个好主意之前，下金蛋的啤酒就已经被偷走了。

就假行家而言，唯一"正宗"的比尔森啤酒只有比尔森欧克和甘布里努斯。比尔森欧克在1898年就想在名称末位添加Urquell（意思是"原始来源"）一词，但叫人痛心的是他们想到时实在是晚了那么一小步。

　　一小口就能判定啤酒好坏，但最好多喝几口确凿于此。

——捷克谚语

来自波希米亚城市捷克布杰约维采[①]的布德瓦啤酒[②]或许可以被认定为荣誉比尔森啤酒。早在十五世纪，这座城市就是波希米亚皇家宫廷酿酒厂的所在地，这也是为什么这座城市出产的啤

[①] 捷克布杰约维采，捷克语为 České Budějovice，德语地区称该城市为 Budweis。
[②] 布德瓦啤酒（捷克语为 Budějovický Budvar，德语地区称 Budweiser Budvar）是捷克共和国第四大啤酒生产商，也是第二大海外啤酒出口商。自二十世纪初以来，这家捷克国有啤酒厂及其生产的淡色拉格啤酒一直与安海斯－布希公司就百威啤酒的营销权和销售权存在商标纠纷。布德瓦啤酒厂以"布德瓦啤酒，民族企业"（Budějovický Budvar, národní podnik）的名义成立。

酒被称为budweiser，意即"国王的啤酒"①。遗憾的是，这个名字也没有早早地注册商标，反倒让美国啤酒巨头安海斯－布希感到高兴。假行家务必注意：千万不要把来自捷克共和国的布德瓦啤酒和美国的百威啤酒搞混了。除非你人在美国，不然，只要记住"布德瓦"这部分就不会有什么问题。在美国，经过一百多年的争论和差不多数字的诉讼后，布德瓦啤酒被称为"捷克瓦"（Czechvar）。

为了让你看起来真的明白自己在说什么，不妨追忆一番你在比尔森的一家小酒吧喝比尔森啤酒的情景。那是一种未经巴氏灭菌、未经过滤的版本，因此有丝丝雾蒙蒙的浑浊，但很少冒险超越城市本身的空气浑浊度。明理的啤酒专家会脱下他们的布帽以示尊敬。

多年来，随着比尔森风格的拉格啤酒在全球范围内的传播，这一曾经让当地镇民引以为傲的名字经常被简称为Pils。你大可评论说：这可不单单是名字里字母的减少，而是啤酒本身之缺斤少两。Pils这个名字已经被成千上万的"战斗拉格啤酒"贬低了。这些啤酒中，大麦麦芽里被添加进玉米、大米和糖浆，而熟成时间则被削减到了几个星期。在追求利润的过程中，不会放过任何一个角落。

---

① 此处或有讹误，budweiser一词并无此意。捷克布杰约维采（德语称Budweis）的酿酒历史可以追溯到1265年，当时波希米亚国王奥托卡二世授予该市酿酒权。该市一度是神圣罗马帝国的御用酿酒地，为了提高饮料的质量，附近的城镇被禁止酿酒。为了将捷克布杰约维采生产的啤酒与其他地区的啤酒区分开来，它被称为"布杰约维采啤酒"（Budweiser Bier，即德语中"来自布杰约维采的啤酒"）。

比 利 时 啤 酒

兰比克啤酒

兰比克啤酒是一种体现后天习得品味的终极啤酒，也使它们成为假行家用来吹嘘的卓越啤酒。当大多数酿酒师还在寻求麦芽甜味与啤酒花苦涩之间的平衡，兰比克酿酒师另辟蹊径，利用高酸度自行创造平衡。因此，对兰比克啤酒（通常被叫成"旧书店""干草谷仓""马毯"）的干及其类似葡萄酒的苹果酒味的欣赏，是少数派啤酒酒客会全身心追求的东西。或者换一种说法：兰比克啤酒是为那些喜欢啤酒平淡无奇又一股酸味的"反骨"而设的。

作为一种几乎不供出口的小众产品，兰比克啤酒只由布鲁塞尔西南部的帕约滕兰地区出产。鉴于兰比克啤酒使用当地野生酵母和细菌酿成，它也成为啤酒界最接近葡萄酒"风土"（对一个特定地方的独特表达，详见《假行家葡萄酒指南》）概念的存在。只有要有人认为"兰比克"（Lambic）一称源自帕约滕兰小镇伦贝克（Lembeek），就会有一些明显精神不正常的人要唱唱反调。

兰比克酒是由一种叫作"自发发酵"（spontaneous fermentation）的过程制成的野生啤酒，所有啤酒在古代都是这样制成的。与其使用保存在密封酵母库中的培养酵母菌株，兰比克啤酒酿造者选择使用野生的、空气中的酵母菌和细菌。窗户留着不关，以欢迎小动物进入；地窖里的灰尘和蜘蛛网也不会受打搅，以保护生活其间的独特微生物。这可不是什么被净化过的啤酒酿造殿堂。

经过长时间的煮沸，麦芽汁（啤酒宝宝）留于开放的浅水槽中冷却，而野生酵母在其中放肆地自行其是。野生酵母（*Brettanomyces bruxellensis*）和兰比克酵母（*Brettanomyces lambicus*）赋予其标志性的"马毯"味儿，知道这个单词的人将 *Brettanomyces*（酒香酵母属）一词缩写成了 Brett（"布雷特菌"）。例如，你或许会听到有人说："是我的错觉，还是这啤酒里有一丝'布雷特菌'的味道？"在家先对着镜子练习一下，然后再对你的酒友试试这些话。

一旦啤酒移入酒桶中，"布雷特菌"完成使命、让位在侧，"奶菌"（这说的是乳酸菌）接过接力棒。酵母将糖分转化为酒精，乳酸菌则将糖分转化为乳酸，从而产生了使兰比克啤酒闻名遐迩的苹果酒、葡萄酒股的品质。假行家可以在此评论道：虽有多数酿酒师费了老大劲来阻止乳酸菌侵入酒液，但也有兰比克啤酒和传统的柏林白啤（一种小麦啤酒）的酿造者会积极地欢迎乳酸菌的到来。

兰比克酿酒师会使用大量啤酒花，但仅在啤酒陈化且氧化（指啤酒花，而非酿造者）、失去了苦味品质时才使用。啤酒花由此被用作防腐剂，因为兰比克啤酒往往须陈化达三年之久。兰比克啤酒用的碎麦芽（谷物混合物）通常包含30％—40％的未发芽小麦，其余的是已制芽的大麦。值得一提的兰比克酿造商包括德特罗赫、吉拉尔丹、提莫曼斯、林德曼斯、美景、博恩和康蒂永。

可以这么说，兰比克啤酒很少会被整齐地装瓶，一般都是在比利时的啤酒咖啡馆里给酒桶上装个水龙头那样卖。舍普达尔[①]的怪狐狸酒吧就是假行家观光帕约滕兰时常去的地方之一。

法罗是一种传统的生啤酒，在兰比克啤酒中加入一些红糖即可制得。加入红糖引发了另一次发酵，在一定程度上弱化了酸度。但如今，法罗正在走着渡渡鸟的老路，因此大多数兰比克啤酒被改造成更易入口的贵兹和各种果啤。

贵 兹

有那么一种消除兰比克啤酒尖锐口感的方法，那就是将兰比克新酒和陈酒混合，酿成贵兹。酿造周期仅有六至十二个月、活力充沛的年轻兰比克，混以已然在橡木桶中熟成两三年、味道更浓郁、仿若葡萄酒的兰比克，其比例通常为三分之一的年轻兰比克和三分之二的陈年兰比克，加入少许糖后装瓶以引发另一次发酵（即瓶熟）。因着香槟范儿的瓶身和有线软木塞而被像你这样的鉴赏家高度看重的贵兹，有时也被称为"布鲁塞尔香槟"。贵兹

---

① 舍普达尔（Schepdaal）是比利时法兰德斯地区迪尔贝克的一个村庄。

当然像香槟一样干而起泡，而且其酸味比未混合的纯兰比克啤酒更轻。

贵兹的发音也可以是"古儿砸""科尔斯"甚至"古斯"，取决于你正在听哪里人说这个词[1]。这就是一个讲法语，又讲弗拉芒语、荷兰语和德语的国家的有趣之处。所以假行家可以任选一个读法，记得对康蒂永贵兹（5%）酸涩的青苹果味道表现出兴奋就行。

酸樱桃[2]与覆盆子[3]（果啤）

一杯醒目的淡红色水果啤酒会让你在任何酒吧都显得像个挑剔的酒客，但务必确保你拿着的是正确的啤酒。近年来，浮现过一阵自欺欺人的"水果啤酒"噱头，从苹果、杏子到菠萝、香蕉无所不包，大多都是用果汁、糖浆或果泥制成的。假行家要做正确的事，选择来自比利时的"酸樱桃"或"覆盆子"啤酒，因为这些才是货真价实的。如果你的克里克啤酒前加有 oude（"陈"）字样，表明其基酒是添加了完整的新鲜水果的兰比克啤酒，那你就更不怕人识破了。它的味道将非常干而清爽，酸甜平衡得恰到好处。换句话说，它是"成熟"的啤酒，而不是什么从混合柜台里

---

[1] "古儿砸""科尔斯""古斯"原文为 gur-zah、kurrs、goose，接近 Gueuze 在荷兰语、法语、英语中的发音。

[2] 原文作 Kriek，实际指克里克啤酒，是一种用酸樱桃制成的水果兰比克啤酒。在弗拉芒语中，Kriek 一词的本意即"酸樱桃"。

[3] 原文作 Frambozen，是一个弗拉芒语单词，意为"覆盆子"。在啤酒领域，Frambozen 及 Framboise（法语，意为"覆盆子"）都可用以指代一种非常古老的用覆盆子酿成的兰比克啤酒。

随手拿的东西。

在啤酒酿造史的初期，早于啤酒花被确立为酿酒师的首选调味品之前，人们使用大量水果、草药和香料来减轻以麦芽味为核心的啤酒的甜味。杜松子、玫瑰果、生姜、迷迭香和桃金娘都曾被用于酿造啤酒，但比利时酿酒师最终选择了樱桃和覆盆子，而克里克啤酒仍是最受欢迎的。

陈酿克里克要将整颗或碾碎的樱桃在一桶兰比克啤酒中浸泡大约六个月而酿成。这引发了猛烈的发酵反应。在酵母吞噬水果的过程中，酒桶里常会溢出泡沫。桶熟后，陈酿克里克会在瓶中重新发酵。传统上，酿酒师使用来自布鲁塞尔郊区同名村庄出产的酸极了的沙尔贝克樱桃。假行家如你当然更喜欢他们在酒中投入完整的樱桃，因为樱桃核会为成品啤酒增添一丝可口的杏仁味。

如今，最负盛名的果啤品牌有使用法兰德斯棕色艾尔作为基酒、投入完整果实浸泡发酵的利夫曼斯，以及将水果果浆加入兰比克基酒的林德曼斯，尤其让人为之兴奋的是完美平衡的博恩陈酿克里克（6.5％）。

特拉普派修道院艾尔

特拉普派修道院艾尔由严规熙笃隐修会[①] 的特拉普派修道士

[①] 严规熙笃隐修会（Ordo Cisterciensis Strictioris Observantiae，简称 OCSO），又以"特拉普派"（Trappist）知名，是一个严格遵行基本笃会规的隐世天主教修道会，其起源可追溯到 1098 年。他们以拉特拉普修道院（Abbaye de La Trappe）命名，该修道院也是其宗教秩序的发源地。

创造。而你，自然是一个鉴赏家。大多数啤酒呆子会告诉你：一共有七家修道院在酿造特拉普派修道院艾尔，其中六家在比利时，一家在荷兰。但你了解得更清楚。这六家比利时修道院（括号里是它们旗下啤酒的名称）分别是威斯特马勒圣心修道院（威斯特马勒）、斯库尔蒙特圣母修道院（希迈）、圣雷米修道院（罗什福尔）、圣本尼迪克图斯修道院（阿赫尔）、圣西克斯图斯修道院（威斯特佛兰德伦）和奥瓦尔修道院（奥瓦尔）——好名字所以要重复两遍。荷兰那家特拉普派修道院是酿造一款名为"拉特拉普"的啤酒的科宁斯霍芬修道院。然而，你也可以在这份名单里加上奥地利生产格雷高里尤斯艾尔的恩格尔斯采尔修道院，格雷高里尤斯艾尔还在 2012 年 10 月获得了"正宗特拉普派产品"的标识。

货真价实的特拉普派修道院啤酒酒标都有这个六边形的"正宗特拉普派"标志，以与普通的修道院啤酒（详见后文）区分。两者之间的差异尤其值得假行家关注。这一标识不仅表明该啤酒是在特拉普派修道院的围墙内酿造的，而且还表明卖酒所得的利润主要用于资助修道院社区和各种慈善工作，这在普通修道院啤酒中是很少见的。

你还应该知道的是"特拉普派"并不是什么单一风格的啤酒，而是一系列像教堂建筑一样广泛的风格（看到我们在教堂里做了什么吗？），既可以是起泡的金色啤酒，也可以是适宜啜饮的深色啤酒。特拉普派修道院啤酒的共同点在于它们的烈度——酒精含量从 6.5％到 11.3％不等，以及它们都未经过滤、未经消毒。还有就是作为顶部发酵啤酒，特拉普派修道院啤酒都是艾尔啤酒，而非拉格啤酒。

特拉普派修道院艾尔有三种主要风格："双料"（Dubbel）是一种略略泛红的深棕色啤酒，有果干和圣诞蛋糕的味道，酒精含量在6％—7％；"三料"（Tripel）是一种金黄色的啤酒，带有苦橘子酱和柑橘的味道，酒精含量在8％—10％；"四料"（Quadrupel）是一种味甜的深色啤酒，带有马德拉葡萄酒的风味，有着足以炸翻大教堂屋顶的烈度。

与德国的一些博克啤酒一样，特拉普派修道院艾尔传统上也是作为"液体面包"饮用的，为大斋期禁食提供养料。但这并不意味着僧侣们最终会唱着《啤酒桶波尔卡》，为获得复活节彩蛋而玩起扭扭乐①。对特拉普派教徒来说，罪过的不是喝酒，而是醉酒。因此，即使售卖烈酒是为了维持修道院的生活方式并资助各种善举，酿酒的"弟兄们"一般也只坚持喝不那么烈（酒精含量约3.5％）的啤酒，称为"神父啤酒"（Patersbier）或"单料"（Enkel）。这些天使般的啤酒包括小奥瓦尔和黄金希迈。

特拉普教派的修道院各自独立开发啤酒，因此他们并不都会把所出产的啤酒标为"双料""三料"或是"四料"。例如，希

---

① 扭扭乐（Twister）是在铺于地面上的大塑料垫上进行的体能游戏。游戏垫上有六排红色、黄色、绿色和蓝色的大圆圈，由一个有上述四种色块的轮盘上的指针告诉玩家他们的手或脚要放在哪里。参与游戏时，一个圆点不能同时容纳两个人的手或脚。由于圆点数量有限，玩家因扭曲的姿势跌倒就会被判出局，而手肘或膝盖碰到游戏垫也会被淘汰，最后留下的玩家就是胜利者。

迈以颜色区别旗下不同烈度的啤酒，其红色、白色和蓝色酒标分别对应的是 7％、8％ 和 9％ 的酒精含量；而罗什福尔采用数字系统，旗下罗什福尔 6 号、8 号和 10 号分别对应 7.5％、9.2％ 和 11.3％ 的酒精含量。如果有人问为什么罗什福尔这些编号与酒精含量不太搭界，你也可以咕哝几句类似"所选的数字大致是指含有可发酵糖分的麦芽量和发酵前麦芽汁的原始比重"之类的话。

也许最让好饮者兴奋的特拉普派修道院艾尔就是威斯特马勒三料（9.5％）了，问就是因为威斯特马勒修道院在 1934 年首创了"三料"风格，使其成为权威版本。威斯特马勒三料闪现着天堂般的金色光泽，散发有泥土芳香，又充满了带着茴香调子的苦甜柑橘味。正如其他大多数特拉普派修道院艾尔一样，"复杂"并不足以表达其真正内涵，但请放心，威斯特马勒三料经常被吹捧为世界上最好的啤酒。嘉士伯可要上心了。

要是你曾得到过来自威斯特佛兰德伦的特拉普派修道院艾尔，请务必盛赞其酒，并对想弄到一些这种啤酒有多困难唠叨几句。只有在特定的时间给修道院打电话、保证购买限量的现货仅供自用，才能拥有它。这酒如圣杯一般难以企及，事实上，也只有圣杯配成为喝它的理想容器。说到圣杯，每家修道院都为自家啤酒出售自行"冠名"的圣餐杯形或高脚杯形啤酒杯。这些个杯子有令人满意的重量，正贴合饮酒者的手，将艾尔啤酒带来的享受提升到了超然的境界。假行家当然是拥有连酒带杯子的全套家伙的。

普通修道院啤酒 [1]

普通修道院啤酒是一个宽泛到几乎毫无意义的命名和定义，但这并不意味着你不会在无数比利时啤酒的酒标上看到 Bière d'Abbaye 或 Abdijbier 的字样 [2]。这两个词都不能保证瓶子里的啤酒是在修道院诵经声的传播半径内酿造的。有些普通修道院啤酒是根据有利于某指定宗教机构的许可协议酿造的，其他的则是以一些虚构的或早已不复存在的修道院命名，除了酒标上一个头剃成"地中海"的狡黠僧侣图样外，和教会没有半点关系。事实上，直到 1962 年的一项法院裁决对此做规定前，一些不太谨慎的酿酒商甚至会给自家的啤酒标上"特拉普派"的字样。1997 年，国际特拉普派协会推出了"正宗特拉普派产品"认证以消除消费者的疑虑，一劳永逸地杜绝了这种邪恶的"僧侣"产业。

时至今日，你可以理解为"修道院啤酒"就是以一种模棱两可的特拉普派风格酿造的啤酒。因此，你可能会遇到标有"双料"（焦糖味的深色啤酒）或"三料"（苦甜柑橘味的金色啤酒）的普通修道院啤酒，或者仅仅就标"金黄色"或"（深／浅）棕"。对于普通修道院啤酒，你可以期待与特拉普派修道院艾尔类似的顶部发酵烈性啤酒，其酒精含量一般在 6%—9.5% 之间。与特拉普派修

---

[1] 为与前文特拉普派修道院艾尔作一定区分，此处使用普通修道院啤酒作为 Abbey beer 的译名。

[2] 比利时的官方语言是荷兰语、法语和德语，其北部的弗拉芒大区主要讲荷兰语，南部的瓦隆大区主要讲法语，东部的列日省东部地区讲德语，但人数很少。Bière d'Abbaye 及 Abdijbier 分别为修道院啤酒的法语和荷兰语。

道院艾尔的不同之处则在于，特拉普派修道院艾尔是瓶熟的，而普通修道院啤酒或许会经一定过滤工序。

不要理所当然地认为普通修道院啤酒必然不如特拉普派修道院艾尔，因为有些普通修道院啤酒有与后者相当的悠久历史和复杂性，甚至更易得、易饮。例如，格林伯根就是一系列优质啤酒的代名词，由喜力公司为布鲁塞尔北部的格林伯根修道院酿造。最著名的修道院啤酒可能是莱费，现在由酿酒巨头百威英博在鲁汶的一座大型时代啤酒工厂酿造，但仍得向十三世纪时初创此酒的莱费圣母修道院支付特许权使用费。

法兰德斯棕色艾尔与法兰德斯红色艾尔

法兰德斯棕色艾尔和法兰德斯红色艾尔是分别来自东法兰德斯和西法兰德斯的远亲表兄弟。其家族特征包括：甜美的果香（通常是樱桃和李子的香味）结合尾调清爽的、几乎如葡萄酒般的酸味。

来自东法兰德斯奥德纳尔德镇的法兰德斯棕色艾尔，其涩味来自在布满野生酵母和乳酸菌的橡木桶中的长时间陈酿。正是由于如此长时间的陈酿，这种风格也经常被刚入门的酒客称为"老棕艾"（Oud Bruin）。传统上，在年轻啤酒中混合陈年啤酒以使一些锐利的口感变得圆润，继而使棕色艾尔获得麦芽味更重一些的焦糖风味。

西法兰德斯的红色艾尔则是用一种特殊的红色麦芽酿造，往往沾点野生酒香酵母属酵母的"稗草"特质。因此，在品尝这种啤酒时，提醒你的酒友们留意那一丝丝"布雷特酵母"的味道总是没有坏处的。

赞美一番利夫曼斯牌古登邦棕色艾尔（8%）的浓郁及其葡萄酒般的复杂层次。说到红色的啤酒时，你要化身红铜色罗登巴赫（5.2%）的超级粉丝，只因它具有活泼的甜酸魅力。

赛松和北法风格窖藏啤酒

比利时的赛松和法国（足够接近于比利时）的北法风格窖藏啤酒经常被归入一个被称为"农舍艾尔"的难以比较的类别并混为一谈，指的其实是法国北部 - 加来海峡①大区和比利时南部主要讲法语的瓦隆大区的传统农业酿造。在过去，这些啤酒是用农场里随手可得的任何东西酿成的：发芽或未发芽的大麦、小麦和黑麦，用各种草药、香料和啤酒花的大杂烩调味。如今看来，差不多就是随机的风格集合，除了各自的乡村传承而无任何其他共同点。然而，这样难以捉摸的特性吸引了欧洲和美国具有实验精神的精酿啤酒商，他们选择将一些比较时髦的酒标为"赛松""北法风格窖藏啤酒"或"农舍艾尔"（将任何你不能完全确定的风格叫作"时髦"，但请记住，这个词确实有农家风味的含义②）。从风格来说，这些啤酒极难分辨，但这并不是假行家缄默的借口。事

---

① 北部 - 加来海峡（Nord-Pas-de-Calais）是法国北部的一个旧大区，北部与比利时接壤。2016 年 1 月 1 日，北部 - 加来海峡大区与皮卡第大区合并为上法兰西大区。

② 文中"时髦"一词原文作 funky，又有"恶臭"意。

实上，这可以成为你个人的观点。

> 喝啤酒的人会想啤酒。
>
> ——华盛顿·埃尔文

　　总之，在制冷技术发明之前，一切始于农场。由于在炎热的夏季无法控制发酵，所以传统的酿造季节是从深秋到初春，以便为当年晚些时候储备啤酒供应。这样的安排相当适合农村的社群，酿造一方面提供了额外的冬季就业机会，另一方面也提供了用于喂养牲畜的废粮。新鲜的、酒精含量相对较低（通常差不多在3%—4%）的啤酒是为了在收获季节给农夫补充水分用的；度数更高的酒（酒精含量高达8%）则会被贮藏起来，以便在当年晚些时候用来"提神"，而更高的酒精含量有助于防止啤酒变质。北法风格窖藏啤酒（Bière de Garde）从字面上应译作"用来放着的啤酒"（足够直白了吧），它有时会被"放"在香槟风格的酒瓶里，用上有线瓶塞——要知道，香槟地区离这里并不遥远。赛松①之所以被称为"季节啤酒"，正因为它是协助本地人收获的"季节性的"移民工人的饮料。

　　我们目前还确定不了早期农舍艾尔的味道如何。1880年出版的《酿酒工业》（*L'industrie de la Brasserie*）里的描述称：里尔的北法风格窖藏啤酒相当酸，有"非常浓郁的葡萄酒味"。然

---

① 赛松，原文为Saison，即法语"季节"之意。

而，我们可以确凿的是，它们已经进化到适合当代人的口味了。虽然原版啤酒经瓶熟和顶部发酵获得了更圆润、更浓郁的水果味，但现今已经有一种倾向于过滤和底部发酵的趋势，以求获得更干净、更爽口的拉格品质。

如果非要说点什么的话，那就暗示：经典的北法风格窖藏啤酒通常是琥珀色的，以麦芽为主、啤酒花为辅；而赛松往往更干一些，颜色更浅，啤酒花的苦味更浓。然而，有太多的例外存在，在你全部了解清楚之前，你得先四处寻找这些风格的啤酒，把它们喝遍。

所幸，假行家还有一线生机。只为吹嘘的话，你只需要知道两款现在被广泛认可为上述两种"风格"典型代表的啤酒。将杜伊克酒家的甄兰-安布雷（7.5%）树立为北法风格窖藏啤酒的基准。甄兰-安布雷最初于二十世纪四十年代开始灌装于酒瓶，随即于二十世纪五十年代进行了改造，使得当时其酒精含量增加了一倍，并开始灌装于回收而来、配有有线软木塞的香槟酒瓶中。二十世纪七十年代，它在叛逆的法国学生中获得了被膜拜的地位。甄兰-安布雷呈琥珀色，口感顺滑，带有甜美的、麦芽香气十足的大麦糖味及辛香调、甘草调，以干燥的苦甜收尾。它当然未经巴氏灭菌。最经典的赛松啤酒是杜邦赛松（6.5%）。鉴于美国进口商的出色工作，这款啤酒在二十世纪八十年代于美国获得了万人敬仰的地位。杜邦赛松初酿于1844年，是一款完美平衡的红铜色艾尔：泡沫顶汹涌起伏，有硬皮面包的香味，又有杏子和柑橘的果香特质，苦味强劲，余味绵长而干燥。不要被它的轻微浑浊转移视线，毕竟它是未经过滤的瓶装啤酒，你可以随意称其为"古怪"。

还有——是的，真的有一种叫傻子赛松（Silly Saison）的啤酒，由同名村子里的西利酒家（Brasserie Silly）酿造。

比利时小麦啤

首先，比利时小麦啤（Witbier）字面上其实是"白啤酒"的意思，弗拉芒语[①]为Witbier，法语为Bière Blanche。"白"指的是未经过滤的"白色"浑浊，比利时小麦啤的酒液实际上呈一种淡淡的柠檬金色，一点都不白。那好吧。

啤酒假行家首先要了解的是比利时小麦啤和德式小麦啤之间的主要区别。德国人在醪液里使用的小麦比例要高得多，大约在50%—70%之间，其余的是已制芽的大麦，而且德式小麦啤总是用已制芽的小麦。在比利时啤酒中，小麦通常占醪液的30%—40%，其中一些可能没有发芽，甚至还可能含有一定比例的燕麦和斯佩耳特小麦[②]。

[①] 弗拉芒语是比利时荷兰语的旧称，主要通行于比利时北部。1980年，荷兰和比利时两国签约成立"荷兰语联盟"，规定两国将共同促进荷兰与比利时北部荷兰语区之间在语言和文学方面的一体化，并在语言文学的教学和科研方面进行合作，双方鼓励在国际上推广和使用荷兰语。此后，比利时不再使用"弗拉芒语"这一名称，而改称荷兰语。

[②] 斯佩耳特小麦（spelt），又称去壳小麦，大约公元前5000年起便为人类种植。从青铜时代到中世纪，斯佩耳特小麦是欧洲部分地区的一种重要主食。现在，它在中欧和西班牙北部仍有种植，并且作为一种健康食品找到了新的市场。

比利时小麦啤的酒精含量往往较低，常在 4.5％—5％，而且比利时本土的酵母菌株在香气和味道上往往不如德国的同属菌株那么冲。尽管如此，比利时小麦啤总是辛香味更足。德国人决不会在小麦啤酒中"掺"香料，但比利时人对于在啤酒中添加香菜、小茴香和陈皮干毫无顾忌，它们是最常用的三种香料。请注意，在福佳啤酒①中使用的库拉索橙②的干果皮对麦芽甜味来说是一种尤其苦且最有效的陪衬。在你擦去迷人的泡沫小胡子时，还要提到的是小麦对于"维持泡沫顶"的坚挺具有突出贡献。

在二十世纪初，随着金色拉格大受酒客欢迎，比利时小麦啤开始严重衰退，许多啤酒厂停止了生产。但在二十世纪六十年代中期的胡哈尔登，凭借一个人的努力，比利时小麦啤获得了引人注目的复兴。皮耶·塞利斯于 2011 年去世，但他在酿酒行业的坊间传说中为人铭记，他被人们津津乐道为比利时小麦啤这一经典风格全心全意的救世主。作为一名挤奶工，塞利斯曾在托姆辛啤酒厂工作过一段时间。托姆辛是胡哈尔登最后一家生产比利时小麦啤的工厂，于 1957 年关停。1966 年，出于对一品脱小麦啤的无尽渴望的驱使下，塞利斯建立了自己的酿酒厂，从托姆辛酿酒厂停下脚步的地方重整小麦啤的旗鼓。他酿造了用小茴香和库

---

① 福佳酿酒厂（Hoegaarden Brewery）位于比利时胡哈尔登（Hoegaarden）。因一些品牌在进口时有配合营销的需求，啤酒品牌译名常与约定俗成的地名译名有所不同。

② 库拉索橙（Curaçao orange，或称 Laraha），是生长在加勒比海海岛库拉索的一种柑橘。作为苦橙的后代，库拉索橙的果实过苦，且纤维性太强，实际并不被视为可食用的果实。

拉索橙皮干调味的比利时小麦啤，将其命名为"老福佳"。当福佳啤酒逐渐声名鹊起之时，塞利斯已经成功激励一整代酿酒师拿起他们的醪液搅拌耙，追随如今比利时小麦啤辛香十足的脚步。这就是一个人如何为了一品脱他最爱的啤酒而不惜一切代价所伴生的积极向上的故事。

作为福佳啤酒（你必须明了它原本读作"胡哈尔登"）的终身信徒，你最为热衷的必然是福佳特酿。酒精含量从8%到10%不等，特酿小麦啤其实是普通比利时小麦啤酒体更丰满、酒劲更强的版本。福佳特酿的酒精含量则为8.5%，富有丁香和香辛料的香气，伴有一丝白巧克力味的清新柑橘味。

美国酿酒巨头米勒－库尔斯[1]的蓝月比利时白啤（5.4%）在美国热销，提高了比利时小麦啤在美国的知名度。这是一款未经过滤的"美式比利时"白啤酒，用橙子皮和香菜调味，并在酿造时加入一定比例的燕麦以增加奶油味。也许是从塞在科罗娜啤酒瓶颈中从不缺席的柠檬片得到了启发，米勒－库尔斯公司也助推了在"蓝月"里放一片橙子侍酒的标准喝法。在比利时，人们会对这种喝法皱眉头，但是荷兰的酒吧已经开始提供可捣碎杯中水果以获得更浓郁柑橘味的搅拌机了。这就引出了一个困难的抉择：假行家对这片橙子的立场是什么？

---

[1] 米勒－库尔斯（MillerCoors）是一家美国啤酒酿造公司，成立于2008年，是将南非米勒和莫尔森·库尔斯啤酒公司在美国的酿造、营销和销售业务合并的合资企业。2020年，莫尔森·库尔斯啤酒公司将其名称改为"莫尔森·库尔斯饮料公司"。

嗨——啤酒。

——霍默·辛普森

手工精酿：美式革命

如果你发现自己在一个舒适的酒吧里被一个夸夸其谈、满嘴酒气的无聊人步步紧逼到走投无路，他还用责备的眼神看着你杯子里的"欧洲汽水儿"，也请不要惊慌。就算他滔滔不绝地大谈特谈原始比重和国际苦味单位，他的胡子上沾满了泡沫和炸猪皮的碎渣，只要你展现出自己对正席卷整个啤酒世界的酿造革命握有过硬的了解，你也能够坚守自己的立场。你的开场白可以是，事实上，你现在喝的就是一种基于正宗波希米亚配方的烈性美式比尔森啤酒。然后，趁他还晕头转向地要理解你在说什么时，迅速给他一记上勾拳："啤酒酿造界可能正处于'美国世纪'至少五十年的早期阵痛中。你觉得不？"

革命还是演进？

经历数十年的衰落和少数巨头品牌的全球统治，啤酒正在恢复其魔力，尤其是在口味和种类方面。假行家可以法以先抑后扬之道，承认它可能更像是一次复兴，而非一场全面的革命，因为新一波小型精酿啤酒厂正钻研啤酒的传统，以便向前发展。这是一种复兴主义趋势。尽管添加了现代化的改变，充满激情的酿酒匠人将欧洲的经典啤酒风格重新诠释，并且在此过程中重新引入了"风味"的概念。有些酿酒师正在用野生酵母发酵，实验木桶陈酿，用各种水果、草药和香料调味，但总的来说都是由来已久的技术。真正改变的是商业模式和商业理念。

巨头的崛起

二十世纪三十年代，小啤酒厂在美国被禁酒令打垮，在欧洲则湮灭于两次世界大战。这为只对股东负责、由会计师经营的跨国酿酒巨头的崛起扫清了道路。从广义上讲，当时的趋势就是为了追求利润最大化而将啤酒商品化。一些酿造企业通过减少发酵时间和熟成时间加速整个酿造进程；而通过代换玉米、大米、淀粉甚至液态糖等廉价添加剂（可发酵糖的替代来源）来补充来自麦芽的糖分，成本也随之降低。价格低廉的替代品既不会使酒体饱满，也无法激发出麦芽的复杂层次，可它们却在"工业"啤酒中占到可发酵糖分的三分之一之多。至此，形势已经很糟糕了。

其中一些啤酒随后经过滤和巴氏灭菌处理，以符合成本效益的方式提供已经死到临头的清爽饮料。到现在，"淡味"啤酒已经演变成了"冰"啤酒，其中就算有任何残留的风味，也都被冷过滤和离心抹杀了。因此，当今世上充斥着难以相互区分的啤酒，就像霍默·辛普森所钟爱之物一般廉价、同质化，而且到处都是它们的广告。

确实如此，随着全球营销部门更关注建立品牌忠诚度而非提供任何"具有挑战性"的产品，我们在某种程度上喝的是他们的广告。我们的期望值也因啤酒市场的日益同质化而逐步降低，在二十世纪七十年代和八十年代达到了最低谷。平淡无奇的东西正在引领盲从。

啤酒的重生

可你瞧啊！那边（酒吧）窗户透出的是什么光？在这个有机的、环保的、情感丰富的时代，我们已经与我们的消费良知重新团结起来。我们为食物里程①而烦恼，而且真的会仔细读产品信息了。无论我们重拾对啤酒质量和起源的兴趣是否由精酿啤酒的传播而推动，它就像麦乐鸡和烟肉蛋麦满分哪个先上市的问题一样难以回答，但现在已经没有办法把精灵放回瓶子里了。

精酿啤酒运动的中心在加利福尼亚州北部，那里改造了欧洲啤酒，进化为"美式风格"。从本质上讲，他们将各种元素提高到11，从而酿造了经典风格的强化版。例如，美式风格的英式IPA将苦味提升到了前所未有的水平，用如卡斯卡德、世纪和奇努克等辛辣的美国啤酒花调味，而美式大麦酒风格和帝国波特中的酒精含量更是提高了数个"分贝"。这些啤酒不容小觑，正是它们激发了全世界新一代的精酿啤酒匠人的灵感。

① 食物里程（food mile），衡量食物从原生产地运输到销售地距离的单位。

当然，美国精酿啤酒现在同英国和比利时的酿酒商形成了完整的循环，例如后二者重新调整这些美国人改造过的产物。有时欧洲酿酒师会使用美国啤酒花酿啤酒，再将啤酒出口回美国，以此形成相互钦佩和思想交流的良性循环。

总而言之，喜欢冒险的酒客从来没有喝过这么好喝的啤酒，而你在对本书学以致用时辛辛苦苦"创造"出来的风格此时甚至已经出现在超市里了。

警惕"大牌山寨"

品牌巨头们看到自己的传统市场被慢慢蚕食，便将注意力转向中国和印度等新兴市场，而那些讨厌的工匠啤酒还没有给这些市场上的消费者留下太多印象。这些啤酒业巨头没有仿佛坦承自己在走下坡路一般去收购精酿啤酒商，而诉诸自行制造伪装巧妙的"精酿啤酒"——业内知情人士则称其为"大牌山寨啤酒"，也就说明精酿啤酒运动正成为啤酒业四两拨千斤的存在。

小而美

有那么一些统计数据，你可以视情况像中世纪的攻城武器那样把它们抛出来。根据作为美国小型及独立精酿啤酒酿造商代表的酿酒商协会的数据：2016 年，精酿啤酒酿造商的销售量继续以 6.2％的速度增长，现在占市场的 12.3％，而美国啤酒的整体销售量保持不变。就价值而言，精酿啤酒酿造商的销售额增长了 10％，达到 235 亿美元，占美国啤酒市场（1 076 亿美元）的

22％。2010 年，美国共有 1 716 家精酿啤酒酿造商；2016 年，则上升到 5 234 家。

指名道姓

为了表现得你是真明白自己在说什么，你需要一些名字和地点。援引约翰·"杰克"·麦考利夫的事迹：作为美国精酿啤酒运动的先锋人物，他于 1976 年在加利福尼亚州北部的索诺玛市创立了新阿尔比恩啤酒公司。麦考利夫从他在苏格兰服兵役期间邂逅的各种啤酒风格中汲取灵感，吸引了一批拥趸。但新阿尔比恩公司的规模不足以抵御更强的市场动力，开业六年后即关门大吉。然而，它是自禁酒令以来在美国开办的第一家微型啤酒厂，也是后来者的重要灵感来源。可以说，它是史上最重要的"失败"啤酒厂。

精酿啤酒运动的另一位创始人是 F．L．"弗里茨"·梅塔格。梅塔格是一家成功的家用电器公司的继承人，1965 年在旧金山买下了一家濒临破产的啤酒厂。他对自己喜欢的啤酒厂濒临倒闭感到失望，于是就"做一回维克多·基姆"①，买下了锚牌啤酒酿造厂。该厂酿造的独特的锚牌蒸汽啤酒还在变得越来越烈。

---

① 美国企业家维克多·基姆(Victor Kiam)因尤为喜爱雷明顿牌电动剃须刀而收购该品牌，其著名口头禅即"我喜欢这把剃须刀，所以我买下剃须刀公司"。"做一回维克多·基姆"(doing a Victor Kiam)如今已经成为形容一个顾客成为该公司的所有者的固定短语。

啤酒瓦纳

革命始于加利福尼亚州，却在西北太平洋地区蓬勃发展，而该地区恰好在华盛顿州的亚基马谷和俄勒冈州的威拉米特谷种植了大约 75％ 的美国啤酒花。俄勒冈州的波特兰市，又以"啤酒瓦纳"或"威拉米特河畔的慕尼黑"著称，已成为美国非官方的精酿啤酒之都。波特兰拥有比美国任何其他城市更多的精酿啤酒厂和自酿啤酒馆，并在每年七月底举办美国最重要的啤酒盛会之——俄勒冈酿酒师节。事实上，精酿啤酒占波特兰所有啤酒消费的近一半，而占美国全国的数字约为 12％。

更广阔的图景

在讨论美国精酿啤酒业时，要提一些比较著名的啤酒厂增添谈资：加利福尼亚州奇科的内华达山脉酿酒公司、芝加哥的鹅岛、科罗拉多州丹佛的大转折、纽约的布鲁克林啤酒厂、特拉华州米尔顿的角鲨头、科罗拉多州柯林斯堡的新比利时酿酒公司、波士顿的波士顿啤酒公司和鱼叉酿酒厂以及俄勒冈州美丽的本德市的德舒特酿酒厂（其座右铭是"温和只可得——嗯……一些相当沉闷的啤酒"）。

自酿啤酒馆，正如其名，是附有精酿啤酒厂的酒吧。通过直接向公众销售，自酿啤酒馆在精酿啤酒运动的传播中发挥了至关重要的作用。一些如特拉华州角鲨头那样的大型酿酒商，最初也是以自酿啤酒馆的形式发迹的。可借以自抬假行家知识广博的则有如下几家：2010 年最大的两家自酿啤酒馆——波特兰的霍普沃斯城市酿酒厂和劳雷尔伍德酿酒公司，西雅图的爱丽舍啤酒公司，费城的点点头，以及佛罗里达的坦帕湾酿酒公司。

自从二十世纪七十年代第一款啤酒在愤怒中酿造以来，美国人对乏味啤酒的反击已经跋涉过了很长一段路。据最新统计，在精酿啤酒运动的圣地——科罗拉多州丹佛举办的大美国啤酒节上有不少于九十八个啤酒大类。这些产品包括波希米亚风格的比尔森啤酒、慕尼黑风格的清亮啤酒和美国风格的酸艾尔（基于比利时酸艾尔）。在一个仍然由百威啤酒和"银子弹"康胜淡啤主导的市场中，这些才是来砸门的啤酒。

回你的英国老家

据说在英国，你永远不会离精酿啤酒厂有超过 10 英里（约16 公里）的距离。自二十世纪三十年代以来，英国啤酒厂的数量首次超过 2 000 家，扭转了啤酒行业七十年来的整合。当然，正如你经常解释的那样，主要的催化剂是 2002 年引入的累进啤酒税。在这种制度下，啤酒厂根据其生产水平缴税，也就意味着一些微型啤酒厂只用缴纳标准税率一半左右的税。

与美国一样，变革的春风从二十世纪七十年代开始吹起。1971 年，随着 CAMRA（正宗艾尔啤酒运动）的成立，第一阵大风吹来了。这一最初的消费者压力团体瞄准了那些平淡无奇的啤酒。你当然知道它最初被叫作"振兴艾尔运动"，甚至还能说出四个创始成员的名字（迈克尔·哈德曼、格雷厄姆·利斯、吉姆·马金和比尔·梅洛）。他们抗议当时的"六巨头"（联合酿造厂、巴斯·查林顿、勇气、苏格兰人与纽卡斯尔、惠特布雷德和沃特尼酒厂）的主导地位，以及他们认为的这些巨头对英国伟大的酿造传统的高压、轻视。CAMRA 愤怒的焦点在于贫乏无味、人为碳酸化的桶装啤酒——在比尔·蒂迪的《桶装啤酒克星》连环画中被戏称为"烂特尼家酿"，以及日益流行的新式啤酒（它们正在威胁着未经巴氏灭菌、未经过滤的"真正"啤酒的存在）。如今，CAMRA 拥有超过 186 000 名成员，而"烂特尼家酿"的幽默则是过去时代的遗物。

对 CAMRA 的看法可以有：尽管在 1971 年（CAMRA 成立之时）存在将"完美一杯"的定义固化的险招，该组织已经并将继续完成在此方面的出色工作，总之还是有许多改进空间的啦。在两次世界大战之间，酿造材料的匮乏和英国军工厂对清醒劳动力的需求导致了经典艾尔啤酒风格被严重稀释，许多啤酒变成了对从前的自我苍白无力的模仿。不过，你还可以加上：今时今日的微型酿酒商正重整旗鼓，通过多样性将英国啤酒革命带入下一个阶段。他们的目标远远超过了普通苦啤，而下述正有几款你最喜欢的：来自苏格兰阿尔瓦，海威斯顿酿酒厂黑暗、黏稠的旧机油波特（6%）；来自德比郡，索恩布里奇啤酒厂带些许橘子味的翡翠帝国 IPA（7.4%）；还有悖论烟头橡木桶陈酿帝国世涛（10%），这是一款实在但偏甜的苏格兰世涛，由精酿狗酒厂灌装在各种威士忌酒桶中熟成。同样可以参考的是来自格林尼治的共此时酿酒公司。该公司正在利用伦敦传奇的世涛和波特传统、淡色艾尔和 IPA 传统，试图建立不乏味的啤酒组合。共此时酿酒公司现为日本朝日啤酒公司所有，同时也是伦敦酿造商联盟的成员。该联盟成立于2010年，其宗旨是"将那些制造本地啤酒的人和那些热爱啤酒的人联合起来"。就在不久前，伦敦酿造商的数量还减少到了只有两家——富勒啤酒厂和杨氏啤酒厂，但这个新联盟有六十多家酿造商成员，也包括富勒啤酒厂。如你所知，杨氏酒厂于2006年关闭了其在旺兹沃思的兰姆酿酒厂。

去海外酿酒

正如任何人都能预料到的那样，在比利时、丹麦、加拿大、澳大利亚、新西兰甚至日本等拥有成熟啤酒文化的国家，精酿革命早已发端。但是，如果你点明世界上最大的葡萄酒生产国意大利突然处于"酶学"（发酵啤酒的科学）的最前沿，那么一众赞誉自然手到擒来。仔细想想，倒也不奇怪。意大利是国际慢食运动的发源地，而该运动致力于保护食品和饮料的传承及传统。

附庸风雅的机灵意大利酿酒商把大众市场留给了大公司，而将他们复杂的、适合各种食物搭配的啤酒瞄准了餐馆特供，直接与葡萄酒竞争。因此，展示是极其重要的，这就是为什么意大利精酿啤酒以带软木塞的花哨瓶子和醒目的玻璃酒器闻名，而它们与特伦特河畔伯顿特产的香肠土豆泥绝对是不相称的。意大利的精品啤酒厂（birrifici）生产各种风格的啤酒，但它们从比利时的斟酒仪式和为每一种啤酒精心设计的冠名玻璃酒器获得的灵感最多。

扎根于当地特色文化的意大利精酿啤酒匠人从食品工匠那里

采购原料用以对自己的啤酒调味，其高度创新的啤酒用罗勒、鼠尾草、小豆蔻、桃子和西瓜等调味。但意大利酿酒师似乎总是对栗子情有独钟。掌握了这些知识，你就不会轻易被一瓶来自阿布鲁佐阿尔蒙22微型酿酒厂用栗子、蜂蜜和陈皮调味的托尔巴塔烟熏艾尔（8.7％）所打动。

实验精神是意大利精酿啤酒的关键，许多啤酒会在曾经的威士忌、葡萄酒和白兰地酒桶中熟成。至于最新的趋势，你当然也很熟悉，就是故意将高强度的啤酒氧化，使其具有雪利酒般的品质。通常情况下，这些酒在未被碳酸化的情况下装瓶供酒客欣赏啜饮，也许再配上坚硬的帕马森奶酪或一盘布雷索拉奶酪。撇开那些或奇怪或美妙的成分，意大利啤酒革命最令人惊异的是它发生的速度。始于二十世纪九十年代中期，意大利啤酒革命主要发端于该国以胃为导向的北部地区，现在有八百多家手工酿酒商在举行名副其实的啤酒派对。值得一提的酿酒厂包括巴拉丁（通常被认为是第一家）、穆索、格拉多·普拉托和兰布拉特。

再回美国

回到大洋彼岸，不可避免的事情已然发生，让我们期望它是其他地方事件的先行者。精酿啤酒运动变得如此之成功，其中一些主要角色也成为如此庞大的企业，以至于2011年酿酒商协会不得不修改其对"精酿"啤酒商的定义。精酿啤酒商必须仍然是——相对而言——比较小、具有独立性并恪守传统的，但其产量上限已从每年二百万桶提高到六百万桶。你作为一个经验丰富的专家，才不会被那些留着小胡子、系着围裙的工匠搅拌冒泡大锅的浪漫想法所迷惑，因为你知道大多数精酿啤酒匠使用的都是最先进的计算机化设备。然而，世界上最大的啤酒公司之一——波士顿啤酒公司似乎相当恰当地将永远与革命联系在一起，因为它旗下几款啤酒都以美国《独立宣言》签署者塞缪尔·亚当斯[①]为名。

[①] 塞缪尔·亚当斯（Samuel Adams, 1722—1803），美国革命家、政治家、开国员勋之一。

各色艾尔啤酒

蒸汽啤酒

　　蒸汽啤酒是一种艾尔啤酒和拉格啤酒的混血啤酒——使用拉格酵母却通常在与艾尔啤酒酿造适用的温暖环境中发酵。因此，这种混血啤酒结合了艾尔啤酒带麦芽香的果味和拉格啤酒的爽利。你可能会补充说：倒是像极了德式陈酿和科隆啤酒。

　　这种粗制滥造的前沿酿造技术的产物（加州蒸汽啤酒）也被称为"加州通用"，是十九世纪后期美国西海岸的蓝领啤酒。在蒸汽啤酒的鼎盛时期，它是旧金山的代名词。旧金山在蒸汽啤酒最受欢迎之时拥有约莫二十五家蒸汽啤酒酿造厂。这种风格之后日渐衰落，部分原因可能又归于其蓝领形象。衰落到最后，在旧金山也只剩下锚牌酿酒公司。到二十世纪六十年代中期，蒸汽啤酒这一最后的堡垒也濒临破产。此时，如前所述，它被我们的年轻朋友"弗里茨"·梅塔格收购下来。梅塔格是一名学生，也是一家成功的洗衣机公司的继承人。与皮耶·塞利斯和福佳酿酒厂的故事

（详见"比利时啤酒"中"比利时小麦啤"的部分）异曲同工，一种特定啤酒的狂爱好者单枪匹马地振兴了一种行将消失的风格。两者不同之处则在于，梅塔格在1981年想到了要为"蒸汽啤酒"的名称注册商标。因此，蒸汽啤酒如今是一种为了那特别的一人、只由旧金山的锚牌酿酒公司生产的啤酒。值得随口一提的是，梅塔格对锚牌啤酒的拯救被广泛认为是美国精酿啤酒运动蓬勃的催化剂。

如果你们要朝我们扔啤酒瓶，那起码要确保瓶子里是满的。

——"大屠杀"乐队主唱戴夫·马斯泰恩

那么，为什么管它叫"蒸汽啤酒"呢？问得好。因为蒸汽啤酒比普通啤酒冒泡更厉害。但如此作答不会给假行家带来太多一堆人恍然大悟般的吹嘘效果。那这样说如何？——蒸汽啤酒在木桶中进行二次发酵，增加了二氧化碳的压力，二氧化碳气体被排出时听起来就像逸出的蒸汽。当然，压力的大小取决于kräusening（一个描述添加发酵麦芽汁以诱导发酵的德语术语）的水平。这样应该就可以吹嘘到位了。

锚牌蒸汽啤酒（4.9％）是一种琥珀色的啤酒，拥有强有力的碳酸饱和度和奶油色的泡沫顶，富于果味，清爽之余带有一丝焦糖香，余味洁净、干爽。说到底，就是有点像拉格啤酒和艾尔啤酒的杂交。

阿德莱德起泡艾尔

这种标志性的澳大利亚啤酒也被称为"澳大利亚淡色艾尔"，在澳大利亚本土的啤酒大观之中仿佛日落时分的艾尔斯岩（又名"乌鲁鲁"①）一样引人注目。就像旧金山的蒸汽啤酒一样，阿德莱德起泡艾尔已经成为单一酿造商及其城市的代名词。在阿德莱德起泡艾尔的例子中，指的是阿德莱德的库珀酿酒厂。然而，与殊途同归的"加州通用"不同，阿德莱德起泡艾尔不是一种拉格－艾尔混合体，而是一种直接顶部发酵的艾尔啤酒。它恰好也是未经过滤、未经巴氏灭菌并装瓶后二次发酵的。好像这还不够让它在地道的拉格之境变得不同寻常似的，你还得加一句：库珀起泡艾尔（5.8%）在从瓶中倒出时是浑浊的。当它在你的玻璃杯中打转并沉淀下来时，你可以对其浑浊小麦啤般的朦胧感评头论足一番。这种朦胧感来自瓶内二次发酵后产生的酵母沉淀物，也促成了这种著名起泡啤酒的碳酸化。库珀起泡艾尔经常被形容为具有"小麦味""谷物味"和"面包味"。换句话说，它尝起来主要就是酵母的味道，但其中夹杂一股果味的暗流，正是用来自塔斯马尼亚的令伍特荣光啤酒花调味而得。这款使酒客俯首膜拜的啤酒最早由托马斯·库珀酿造于1862年，由澳大利亚最大的、也是为数不多的独立家族酿酒厂生产，现在已经传到了第六代。

---

① 乌鲁鲁（Uluru）是澳大利亚土著人对艾尔斯岩（Ayers Rock）的称呼，在土著语言中意为"集会之地"，而艾尔斯岩则是西方人的命名。

巧克力啤酒

通常，巧克力啤酒——如布鲁克林黑巧克力世涛（酒精含量高达10％）——的独特"巧克力味"来自深度烤制的"巧克力麦芽"向内融合。这些麦芽正是被如此烤制，直至获得天然的摩卡风味。然而，越来越多的啤酒酿造商开始通过往这些巧克力麦芽中加入真正的巧克力碎块或巧克力精华来层层加码。例如，杨氏双料巧克力世涛（5.2％）和共此时巧克力波特（6.5％），都添加了真正的巧克力。很明显，大多数巧克力啤酒都是加了料的世涛啤酒和波特啤酒。

如果有人因为你喝巧克力啤酒而为难你，不妨指出其中大多数尝起来都不过是苦涩的黑巧克力味（与特里牌醇金全然相反）并拥有令人愉悦的干爽口感。假行家别忘记提起十八世纪的墨西哥人喝的是一种以可可豆为酿造原料的饮料，和巧克力啤酒没什么不一样。

香槟啤酒

香槟啤酒，有时被称为 Bière Brut，是最近的一种酿酒趋势，假行家如你自然对它相当之熟悉。直到最近，比利时酿酒师才掌握了这种因喜怒无常而臭名昭著的香槟酵母，从而引发了一种以香槟形象为目的来酿造清淡、干爽、起泡的啤酒的趋势。

其中一个比较知名的品牌名唤古堡酒庄（5.2％），仅仅是用香槟酵母酿造的拉格啤酒而已。另一方面，法兰德斯德斯布鲁实际上效仿了香槟的制作方法，读作 méthode champenoise。

加入香槟酵母后在凉爽的洞穴中熟成九个月，再进行转瓶（remuage）和滗酒（dégorgement）。完成二次发酵后，在一段时间内循序渐进地扭转和倒置酒瓶，直到酵母沉淀物聚集在倒置的瓶颈中（此即"转瓶"工序）。"滗酒"工序则是通过冷冻瓶颈而使酵母颗粒被排出的过程。所有这些个麻烦工序都反映在香槟酒式啤酒的价格上。不过，至少以德斯布鲁为例，它的酒精含量达到了（几乎）接近香槟的11.5％。它甚至装在香槟风格的瓶子里，配上有线软木塞，显然很受女士的欢迎。

你必须无视他们从啤酒广告里看来的所有大男子主义的废话。

——罗莎娜·巴尔

酒中巨兽

你在酒吧里毫不费力的调侃也许会激起不是太"懂行"的啤酒酒客的不安全感，他们甚至可能会指责你故意掩饰自己的真实品位。那就谦虚地指出，任何人在法国北部待过那么多时间，都会对玄妙的农舍艾尔产生类似的嗜好。此外，在中国之外，又有谁听说过雪花啤酒呢？它还恰好是世界上最畅销的啤酒品牌。

总的来说，由于区域性精酿啤酒势不可挡的崛起，全球主要啤酒品牌正在美国和欧洲等既定西方市场失去其原有地位。在这个充满活力的行业竞争时，跨国公司已经决定："如果打败不了，就把它们买下。"伦敦的共此时酿酒公司和卡姆登镇酿造厂、芝加哥的鹅岛、加州的拉古尼塔和岬角、澳大利亚的小怪物、巴西的瓦尔斯和科罗拉多、爱尔兰的方济各喷泉以及加拿大的米尔街和格兰维尔岛都是一些体量较大的精酿啤酒厂，它们已经被跨国巨鳄斥巨资收购或部分收购。

与此同时，全球参与者都在争夺巴西、俄罗斯、印度和中国

（金砖四国）等新兴市场中的地位，而行业仍在继续整合。国际啤酒行业如今由百威英博和南非米勒这对双胞胎巨头把持，直到前者在 2016 年以 1 070 亿美元兼并后者。为了让这笔并购案通过监管机构的审查，百威英博同意出售南非米勒所有的一些品牌，包括佩洛尼、格罗尔施和共此时。据计，百威英博如今的啤酒产量几乎占全世界的三分之一，年销售额约 550 亿美元。2016 年，该公司共生产 4.34 亿百升啤酒。紧随其后的最大竞争对手是喜力（荷兰），2 亿百升；雪花啤酒（中国），1.19 亿百升；嘉士伯（丹麦），1.17 亿百升；以及莫森－库尔斯（美国／加拿大），9 500 万百升。

然而，阅读任何一本"严肃"的啤酒图书，你都不会知道世界十大啤酒品牌的存在。它们几乎不会被提及，只能是因为他们被认为是不值得批评的产品，理由就是这些工业品牌的啤酒味道差不多都是一样的。换言之，前十名里没有真正的啤酒。前十的啤酒没有什么"酒花味""度数"或"果味"之分。它们多是清淡、色浅、易饮的拉格啤酒，没有能明显尝得出的啤酒花苦味；它们都是干净、爽利的干型啤酒，凭其无害的特质而吸引着无数的人。

平心而论，这些啤酒并不是为啜饮、品味或安静沉思而精心设计的。它们是为咕噜咕噜下肚而设计的，还要尽可能的凉。而且，正如你所知，啤酒越冷，任何别的"味道"渗入味蕾的危险就越小。从本质上讲，目标受众正在购买的是获得精心培育的品牌概念，而标志性的包装和朗朗上口的口号则在强化这种概念。因此，"米勒稍稍"有一种"令人耳目一新的味道"，而"科罗娜额外"则以某种方式实现了"无与伦比的放松口味"。

以下是本书出版时 [1] 世界十大啤酒品牌的情况快照。这十大品牌一起占了全球啤酒市场的 23%。不幸的是，我们不能保证消费这些品牌中的任何一个，就能让你在轻柔摇滚的背景音乐下每条手臂都揽着一位金发女郎。但你永远不会知道分晓了。

雪花啤酒

华润雪花啤酒（中国）旗下的雪花啤酒以 5.5% 的份额（2016年欧睿信息咨询公司按数量计算的全球市场份额百分比）位居第一，占全球啤酒销量的 5.5%。雪花啤酒是全球最大啤酒市场中最大的品牌。雪花啤酒给假行家提供了无与伦比的吹嘘机会，因为在中国外不大有人听说过它。华润雪花本是南非米勒和华润集团投资的合资企业，直到百威英博于 2016 年 10 月收购南非米勒——当时双方在百威英博出售其在华润雪花的权益方面达成了一致。在中国各地九十多家啤酒厂生产的雪花啤酒，具有名副其实的所有复杂风味，但它非常便宜，也能让酒客开怀。如果所有喝啤酒的中国人同时猛摇他们的酒瓶然后打开，整个世界就会淹没在及踝的啤酒"雪花"里。

百威淡爽

百威英博（美国）旗下的百威淡爽以 2.6% 的市场份额排名全球第二，是美国最畅销的啤酒。百威淡爽于 1982 年推出，进入

---

① 原书首印于 2018 年。

淡啤市场相对较晚，但现在它在低卡路里啤酒大类中占主导地位。令人沮丧的是，这一"轻量型"啤酒在美国市场遥遥领先。

青岛啤酒

中国的青岛啤酒占有 2.6％ 的全球市场份额。青岛啤酒是中国第二大啤酒品牌，也是在美国销量第一的中国啤酒。青岛啤酒由英德啤酒公司于 1903 年创立，最初是根据 1516 年的德国《啤酒纯正法》酿造的。这意味着啤酒中唯一允许的成分是水、大麦和啤酒花，但如今像其他许多中国啤酒一样，青岛啤酒含有一定比例的大米（一种比大麦便宜的成分）。不过，前十名中的多数品牌都是如此，包括百威啤酒和百威淡爽。

百威啤酒

占据全球市场份额 2.3％ 的"啤酒之王"百威啤酒于 1876 年推出，当时阿道夫·布施正着手创建美国第一个真正的全国性啤酒品牌。今天，百威啤酒是美国五大啤酒品牌中唯一的全卡路里啤酒，其他都是"轻量型"啤酒。百威啤酒仍然是美国的一个标志，尽管由于精酿啤酒的兴起，该品牌已经失去了一些魅力，而其母公司则不断收购精酿啤酒厂，仿佛它们要过时了一样。不要把百威啤酒与捷克共和国的布德瓦啤酒相混淆。

斯科尔

巴西嘉士伯集团的斯科尔品牌占据全球市场份额的 2.1％。

在二十世纪八十年代末，斯科尔是英国最畅销的啤酒，但如今它是一种低价的日用品拉格，只有区区 2.8％ 的酒精含量，度数低到排不进英国前二十名。然而，4.7％ 的斯科尔拉格是巴西最畅销的啤酒，在巴西被认为是与比基尼脱毛和沙滩足球一样"巴西特色"的东西。要如何解释这种精神分裂般的存在呢？斯科尔的品牌是由包括联合酿酒厂（英国）和拉巴特（加拿大）在内的一批公司在 1964 年设计的，旨在成为一个可以在全世界范围内授权、生产和销售的全球性啤酒品牌。如今，在非洲和南美洲，该品牌由百威英博拥有；在世界其他地区，则为嘉士伯所有。

燕京啤酒

北京燕京啤酒厂以 1.8％ 的全球市场份额位列世界第六大啤酒品牌，是另一种尝来清淡的淡色大米啤酒，主要在中国生产和销售。燕京啤酒厂于 1980 年在北京成立。1995 年 2 月，燕京啤酒被指定为人民大会堂国宴上的官方中国啤酒。现在，燕京啤酒在美国可以买到了。

喜力啤酒

来自喜力啤酒集团的啤酒占有全球啤酒市场份额的 1.6％。这款荷兰啤酒"刷新了其他啤酒所不能及的高度"。这大概就是詹姆斯·邦德在《007：大破天幕杀机》中被看到攥着一个喜力瓶子的原因？还是因为那笔 2 800 万英镑的植入广告费说服他放弃了传统的伏特加马提尼？下次你看到喜力啤酒标志性的绿瓶红星时，可以指出瓶身商标上那个字母 e 是倾斜的，使得它们看起来像是在微笑。

梵天啤酒

百威英博（巴西）的旗下品牌梵天啤酒占有 1.5％的全球市场份额。多年来，梵天啤酒在巴西一直以"第一啤酒"的名义销售。不过，自从斯科尔啤酒取而代之，它已经悄悄地放弃了这个口号。梵天啤酒最初由梵天啤酒公司在 1888 年酿造，是我们名单上另一种现为百威英博所有并被该公司制定了将其品牌推向全球的宏伟计划的啤酒。是梵天啤酒的味道吸引了这一啤酒巨头吗？该公司发言人称："（巴西）文化就填补我们在全球范围内的准确定位方面更为重要。"谁说浪漫已死？

哈尔滨啤酒

百威英博（中国）旗下的哈尔滨啤酒不仅占了全球市场份额的 1.4％，也是中国最古老的啤酒品牌。哈尔滨啤酒厂是由德国人扬·弗罗布莱夫斯基于 1900 年在中国东北建立的，为的是帮在中东铁路①上工作的俄国人提神。在 2004 年被百威英博最终收购

---

① 中东铁路是俄语"中国东方铁路"的简称，指十九世纪末二十世纪初俄罗斯帝国为攫取中国东北资源所修筑的在中国境内的一段铁路系统的总称。最初称"东清铁路"，1920 年后称"中国东省铁路""中国东方铁路"（简称"中东铁路""中东路"）。1952 年后，中东铁路完全收归中国铁路部门管理。2018 年 1 月，中东铁路入选第一批中国工业遗产保护名录。

前，哈尔滨啤酒早就经历过苏联和中国所有权的各种变化了。哈尔滨啤酒是最早认识到啤酒和电子游戏之间自然共生关系的啤酒商之一，其品牌赞助了哈尔滨啤酒电竞军团的各支中国队伍。

康胜淡啤

美国康胜啤酒公司的康胜淡啤拥有全球市场份额的 1.2%。这款"世界上最冷的啤酒"于 1978 年在科罗拉多州戈尔登首次酿造，"灵感来自于其发源地的山脉"。寒冷对康胜淡啤而言非常重要。"冷的康胜淡啤才是好的康胜淡啤。"正如我们被品牌方告知的那样，"超冷的康胜淡啤是更好的康胜淡啤"。康生淡啤的低侍酒温度则是通过具有山形标志的"冷激活"玻璃器皿实现的。显然，"当标志上的山脉变成蓝色时，你就知道你杯子里的啤酒和落基山脉一样冷了"。

假装你知道关于啤酒的一切是没有意义的——没人能做到。可如果你已经把书看到了这里，并且至少吸收了这些页面中包含的少许信息和建议，那么你几乎肯定能比其他99％的人了解更多有关啤酒是什么、如何酿造啤酒、在哪里酿造啤酒、如何侍酒以及如何饮用的知识。

　　你现在要用这些知识做什么取决于你自己，但这里有一个建议：对你新学到的知识要有信心，看看它能带你侃多深，但最重要的是享受运用这些知识的乐趣。你现在已经是一位善于夸夸其谈世界上最古老的饮品之一的真正专家。务必记住，你真正需要掌握的唯一的吹嘘技巧是谨慎选择时机，而在其余时间保持沉默。当谈话间充满大麦、酵母、水和啤酒花的微妙平衡和芳香组合时，其实很容易做到。

　　让我们喝起来！（Nunc est bibendum!）

名 词 解 释

酒精含量（ABV，Alcohol by Volume）

啤酒中纯酒精的百分比，因此是你在挑衅老虎机之前能喝多少的最佳指标。将 ABV 乘以 0.796 可得 ABW（Alcohol by Weight，即按重量计算的酒精含量）。

辅料（Adjuncts）

大麦麦芽之外可发酵糖的来源，包括替代谷物、水果和糖浆。

艾尔啤酒（Ale）

详见"顶部发酵"。

α–酸（Alpha Acid）

啤酒花中的苦味化合物，是啤酒苦味的主要来源。

桶（Barrel）

啤酒生产中最常见的计量单位。1 英制桶合 163.65 升（36 英制加仑），而 1 美制桶合 117.34 升（31 美制加仑）。假行家还可通过小木桶（firkin，合 9 英制加仑）、小桶（kilderkin，合 18 英制加仑）、豪格海桶（hogshead，合 54 英制加仑）、短桶（puncheon，合 72 英制加仑）和大桶（butt，合 108 英制加仑，桶容量最大，如今很少使用）进一步唬住你的听众。

瓶熟（Bottle-Conditioned）

装在瓶中进行调质处理（例如熟成和余味调节）的啤酒。少量的糖和酵母会被加入瓶中，以在瓶中激起进一步发酵，可增加啤酒的复杂层次，有时还可增强酒的烈度。瓶底有一层沉淀物（死去的酵母）是瓶熟的明显标志。

底部发酵（Bottom-Fermented）

由葡萄汁酵母（*Saccharomyces uvarum*）冷发酵而成的拉格啤酒。拉格酵母在凉爽的条件下效率最高，它们会沉到发酵罐底，用长达两周的时间慢慢地啃食糖分，从而降低啤酒的甜度，使其更为清爽。Lager 在德语中的意思是"储存"，也就反映了这样一个事实，即拉格啤酒在理想情况下应该有一个长而凉爽的熟成期。有些人更喜欢用"冷发酵"而不是"底部发酵"，但说实话冷发酵听起来远没有那么有趣。

酒香酵母属（Brettanomyces）

酒香酵母属的野生酵母菌株能给啤酒带来酸味，有时还会带上农家庭院和马毯的味道，适合用于兰比克啤酒、棕色酸艾尔和法兰德斯红色艾尔以及某些小麦啤酒、世涛啤酒、波特啤酒。如果你在你手中的啤酒中发现任何这些尖锐、质朴的品质，请将其总结为"一丝布雷特菌味儿"。

桶熟（Cask-Conditioned）

桶熟指的是既未经过滤也没有经过巴氏灭菌法的啤酒在桶中进行二次发酵，通常在酒吧的酒窖中销售。额外的发酵增加了啤酒的酒劲和复杂性。桶装啤酒也被称为"正宗艾尔"，这个词是由正宗艾尔啤酒运动在二十世纪七十年代首次提出的。

精酿啤酒（Craft Beer）

当精酿啤酒于二十世纪八十年代在美国兴起时，"精酿啤酒"意味着以小规模制作的有趣手工啤酒。然而如今一些"精酿"啤酒商一酿就酿个数十万桶啤酒，"精酿啤酒"定义的重点正在从"小"转移到"有趣"。现在，精酿啤酒指的是任何可以被视为对品牌巨头予以反击的啤酒。精酿，是"工业酿造"的对立面。

双料（Double）

作为形容词，"双料"最初被加在某些美式 IPA 前，表示一种大量酒花调味的烈性啤酒，因此也是非常苦的啤酒风格。现在，

"双料"越来越多地被用来表示啤酒风格中更烈、酒体更饱满的那种。另见"帝国"。

干啤酒花（Dry Hopping）

在啤酒熟成时向其内投入啤酒花以增加啤酒中酒花味道和香气的做法。

极端啤酒（Extreme Beer）

冲浪帅哥和百事极度[1]爱好者好用的一个术语，用来描述高强度、不寻常的"外向"啤酒，例如某种酒精含量 8%、野生酵母发酵、桶装的栗子味啤酒。极端啤酒则是"割草机拉格"的对立面。

过滤（Filtration）

过滤就是从啤酒中去除不需要的颗粒物。不幸的是，个中风味也会被过度的过滤去除。

碎麦芽（Grist）

碎麦芽是进入醪液中的谷物混合物。

草本酒（Gruit）

Gruit 传统上是广泛采用啤酒花之前用来给啤酒调味的干草

---

[1] 百事极度（Pepsi Max）是世界著名饮料巨头百事集团为年轻群体打造的"新一代"无糖可乐，其品牌精神即"勇敢无畏"、"无所顾忌"、最契合"80 后"。

药和香料混合物。如今，它有时会被用来描述任何完全不添加啤酒花的啤酒。

高比重酿造（High-Gravity Brewing）

高比重酿造是工业酿造中常用的一种生产方法，即将啤酒发酵到酒精含量较高而在灌装前用水稀释到实际所需的烈度。

帝国（Imperial）

"帝国"最初指的是十八、十九世纪从英国运往俄罗斯帝国宫廷的一种烈而浓郁的世涛啤酒。和"双料"这个词一样，它现在被胡乱用来描述任何啤酒风格异常烈的版本。

工业酿造（Industrial Brewing）

工业酿造是一个贬义词，用于形容跨国公司大规模生产、经常高比重酿造的啤酒。但是就像生活中的其他事情一样，对于啤酒，量大并不意味着一定不好。

国际苦味单位（International Bittering Units，IBU）

国际苦味单位是表示啤酒中 α-酸（啤酒花苦味）水平的一种国际尺度。IBU 等级是通过基于啤酒花、α-酸、麦芽汁和酒精含量的复杂计算实现的。1 IBU 相当于每升啤酒中含有 1 毫克 α-酸。一款大量使用啤酒花的双料 IPA 可能大于等于 65 IBU，而一款无力的割草机拉格可能只有 10 IBU。

印度淡色艾尔（India Pale Ale，IPA）

十九世纪在英国发展起来的一种大量添加啤酒花的淡色啤酒，利用啤酒花的抗菌、防腐特性帮啤酒经受住前往印度的艰苦航行。美国精酿运动已经将这种风格铭记在心，竞相生产出酒花最浓的双料 IPA。

小桶（Keg）

在二氧化碳或二氧化碳和氮气混合系统的人工压力下储存啤酒的金属容器。

割草机拉格（Lawnmower Lager）

没有层次、酒体轻盈的啤酒只适合在花园里喝。

曝光（Lightstrike）

又称"晒伤"。瓶装啤酒因过度暴露在光线下导致其啤酒花油降解而导致的变质，使其产生植物性、橡胶性、湿狗的气味，有时会被描述为"臭鼬味"。棕色玻璃最适合预防啤酒曝光，其次是绿色玻璃，透明玻璃自然是没有用的。

母液（Liquor）

在麦芽浆化过程中所用热水的名称。单纯的"水"是用来清洁酿酒厂和冲洗水箱的东西。

麦芽（Malt）

麦芽来自谷物——通常是大麦在水中浸泡以刺激其发芽（促芽）。这会促进淀粉的生成，在酿造过程中，淀粉会转化为可发酵的糖。已制芽的谷物在窑中进行干燥、腌制和不同程度的烘烤，产生从浅色到深烘的色调和味道。

醪液（Mash）

醪液是由碎麦芽和未磨碎的谷物（麦芽）组成的粥状混合物，有时还加入辅料，再加入母液（热水）以将谷物淀粉转化为可发酵的糖类。由此产生的含糖溶液被称为"麦芽汁"。

氮气啤酒（Nitrokeg）

氮气啤酒是储存在氮气中的啤酒类型。氮气的气泡比二氧化碳的气泡小，因而可以创造出更光滑、更细腻的啤酒。健力士啤酒是最著名的氮气啤酒。

原始比重（Original Gravity，OG）

发酵前麦芽汁中可发酵糖相对于水的密度的测量结果，让酿酒师对啤酒的最终酒精浓度有较好的把握。由于水的密度的基数为 1.000，OG 通常以四位数表示，不带小数点。因此，1.050 OG 表示为 1050。简单吧？

巴氏灭菌法（Pasteurisation）

通过短时间加热来杀死细菌、稳定啤酒中菌群的方法。可惜，这么做对啤酒的味道不利。

正宗艾尔（Real Ale）

详见"桶熟"。

会议啤酒（Session Beer）

会议啤酒指的是任何酒精含量低于4%的啤酒，适宜接连痛饮。

顶部发酵（Top-Fermented）

由酿酒酵母属的酵母在温暖环境下发酵可酿成艾尔风格的啤酒，顶部发酵也被称为"温热发酵"。艾尔酵母上浮到发酵罐顶部，在泡沫、热量和愤怒的狂热中吞噬糖分，与拉格啤酒相比，这样能产生更甜、更圆润和水果味更浓郁的风格。

麦芽汁（Wort）

麦芽汁是通过麦芽浆化（混合麦芽与热水）所产生的富含糖分的液体。麦芽汁与啤酒花一起煮沸，然后在发酵前冷却。

WYBMABIITY

一个有时会在监狱里看到的标志。这些字母代表："如果我叫你去，你会给我买啤酒吗? "（Will You Buy Me A Beer If I Tell You?）不要上这种老掉牙的当。

酵母（Yeast）

一种微小的单细胞真菌，是发酵过程中的神奇成分。酵母消耗糖分，产生酒精和二氧化碳（气泡）。

酿造学（Zymurgy）

酿造学——对于喜欢语义学的假行家来说也被称为酶学（zymology），是酿造啤酒的科学。

译 名 对 照 表

酒款

J. W. 李斯酿丰收艾尔（JW Lees Harvest Ale）

阿德南姆探索者（Adnams Explorer）

暗星牌帝国世涛（Dark Star's lmperial Stout）

保拉纳救世主（Paulaner Salvator）

贝尔黑文 80 先令（Belhaven 80 Shilling）

悖论烟头橡木桶陈酿帝国世涛（Paradox Smokehead Oak-Aged Imperial Stout）

比尔森欧克（Pilsner Urquell）

伯顿桥帝国淡色艾尔（Burton Bridge Empire Pale Ale）

博恩陈酿克里克（Boon Oude Kriek）

布德瓦啤酒（Budweiser Budvar）

布鲁克林黑巧克力世涛（Brooklyn Black Chocolate Stout）

大脚板大麦酒式艾尔（Bigfoot Barleywine Style Ale）

蒂莫西·泰勒酒馆老板（Timothy Taylor Landlord）

杜邦赛松（Saison Dupont）

多萝西·古博迪牌康乐型世涛（Dorothy Goodbody's Wholesome
Stout）

多姆科隆啤酒（Dom Kölsch）

法兰德斯德斯布鲁（Deus Brut des Flandres）

翡翠帝国IPA（Halcyon Imperial IPA）

福佳特酿（Hoegaarden Grand Cru）

富勒牌特优级苦啤（Fuller's ESB）

盖尔斯优等陈酿艾尔（Gales Prize Old Ale）

甘布里努斯（Gambrinus）

格雷高里尤斯艾尔（Gregorius Ale）

共此时IPA（Meantime IPA）

共此时伦敦波特（Meantime London Porter）

共此时伦敦淡色艾尔（Meantime London Pale Ale）

共此时巧克力波特（Meantime Chocolate Porter）

古堡酒庄（Kasteel Cru）

哈维牌帝国超级双料世涛（Harvey's Imperial Extra Double
Stout）

哈维牌苏塞克斯优级苦啤酒（Harvey's Sussex Best Bitter）

赫佰仕啤酒节三月啤酒（Hacker-Pschorr Oktoberfest Märzen）

黄金希迈（Chimay Dorée）

旧机油波特（Old Engine Oil Porter）

卡登堡路德维希国王深色啤酒（Kaltenberg König Ludwig Dunkel）

凯斯黑啤（Köstritzer Schwarzbier）

康蒂永贵兹（Cantillon Gueuze）

康胜淡啤（Coors Light）

科罗娜额外（Corona Extra）

库珀起泡艾尔（Coopers Sparkling Ale）

拉特拉普（La Trappe）

莱费（Leffe）

蓝月比利时白啤（Blue Moon Belgian White）

朗客艾希特熏啤（Aecht Schlenkerla）

老拉斯普京（Old Rasputin）

老福佳（Oud Hoegaards）

利夫曼斯牌古登邦棕色艾尔（Liefmans Goudenband Brown Ale）

烈性萨福克陈年艾尔（Strong Suffolk Vintage Ale）

罗登巴赫（Rodenbach）

锚牌蒸汽啤酒（Anchor Steam Beer）

米勒稍稍（Miller Lite）

莫尔豪斯牌黑猫（Moorhouse's Black Cat）

内华达山脉淡色艾尔（Sierra Nevada Pale Ale）

起泡埃克斯穆尔金艾（Sparkling Exmoor Gold）

施耐德白啤本家阿文提努斯（Schneider Weisse Unser Aventinus）

施耐德白啤本家原味（Schneider Weisse Unser Original）

爽滑酒花执行者（Smooth Hoperator）

特里牌醇金（Terry's All Gold）

托尔巴塔烟熏艾尔（Torbata Smoked Ale）

托马斯·哈代艾尔（Thomas Hardy's Ale）

威斯特马勒三料（Westmalle Tripel）

魏尔滕堡修道院阿萨姆博克（Weltenburger Kloster Asam Bock）

沃辛顿白盾（Worthington White Shield）

锡克斯顿牌老佩库利埃（Theakston's Old Peculier）

夏日闪电（Summer Lightning）

小奥瓦尔（Petite Orval）

杨氏双料巧克力世涛（Young's Double Chocolate Stout）

约瑟夫·霍尔特牌爽滑淡啤（Joseph Holt's Smooth Mild）

甄兰 - 安布雷（Jenlain Ambrée）

致乌里格陈酿（Zum Uerige Alt）

逐日金姝（Sunchaser Blonde）

酿造企业

爱尔兰

埃弗拉德酒厂（Everards）

方济各喷泉（Franciscan Well）

健力士（Guinness）

奥地利

恩格尔斯采尔修道院（Stift Engelszell）

澳大利亚

库珀酿酒厂（Coopers Brewery）

小怪物（Little Creatures）

巴西

科罗拉多（Colorado）

瓦尔斯（Wäls）

比利时

奥瓦尔修道院（Orval）

百威英博（AB InBev）

博恩酿酒厂（Boon Brewery, Brouwerij Boon）

德特罗赫（Brouwerij De Troch）

杜伊克酒家（Brasserie Duyck）

福佳酿酒厂（Hoegaarden Brewery）

吉拉尔丹（Girardin）

康蒂永（Brewery Cantillon, Brasserie-Brouwerij Cantillon）

利夫曼斯（Liefmans）

林德曼斯（Lindemans Brewery, Brouwerij Lindemans）

美景酿酒厂（Belle-Vue）

圣本尼迪克图斯修道院（St Benedictus）

圣雷米修道院（Saint-Rémy）

圣西克斯图斯修道院（St Sixtus）

时代啤酒（Stella Artois）

斯库尔蒙特圣母修道院（Our Lady of Scourmont）

提莫曼斯（Timmermans Brewery, Brouwerij Timmermans）

托姆辛酿酒厂（Tomsin Brewery）

威斯特马勒圣心修道院（Holy Heart of Westmalle）

西利酒家（Brasserie Silly）

丹麦

嘉士伯（Carlsberg）

德国

奥古斯丁酒窖（Augustiner）

保拉纳酿酒厂（Paulaner Brewery）

施帕滕酿酒厂（Spaten Brewery）

魏亨施特凡酿酒厂（Weihenstephan Brewery）

荷兰

科宁斯霍芬修道院（De Koningshoeven）

喜力（Heineken）

加拿大

格兰维尔岛（Granville Island）

米尔街（Mill Street）

美国

爱丽舍酿酒公司（Elysian Brewing Company）

北海岸酿造（North Coast Brewing）

波士顿啤酒公司（Boston Beer Company）

布鲁克林酿酒厂（Brooklyn Brewery）

大转折（Great Divide）

德舒特酿酒厂（Deschutes Brewery）

点点头（Nodding Head）

鹅岛（Goose Island）

霍普沃斯城市酿酒厂（Hopworks Urban Brewery）

角鲨头（Dogfish Head）

精酿狗（BrewDog）

克鲁格佳酿（Krueger's Finest）

拉古尼塔（Lagunitas）

劳雷尔伍德酿酒公司（Laurelwood Brewing Company）

麦克森酿酒厂（Mackeson's Brewery）

锚牌酿酒公司（Anchor Brewing Company）

内华达山脉酿酒公司（Sierra Nevada Brewing Company）

坦帕湾酿酒公司（Tampa Bay Brewing Company）

岬角（Ballast Point）

新比利时酿酒公司（New Belgium Brewing Company）

鱼叉酿酒厂（Harpoon Brewery）

日本

札幌啤酒厂（Sapporo Breweries）

朝日啤酒公司（Asahi Breweries）

意大利

阿尔蒙 22 微型酿酒厂（Almond' 22 Microbrewery）

巴拉丁（Baladin）

格拉多·普拉托（Grado Plato）

兰布拉特（Lambrate）

穆索（Musso）

英国

埃尔德里奇教皇酿酒厂（Eldridge Pope Brewery）

奥地利 - 巴伐利亚拉格啤酒酿造与水晶冰工厂（Austro-Bavarian Lager Beer Brewery and Crystal Ice Factory）

巴斯酿酒厂（Bass Brewery）

贝尔酿酒屋（The Bell Brewhouse）

布雷恩酿酒厂（Brains' Brewery）

富勒家格里芬酿酒厂（Fuller's Griffin Brewery）

共此时酿酒公司（Meantime Brewing Company）

海威斯顿酿酒厂（Harviestoun Brewery）

酒花余味酿酒厂（Hop Back Brewery）

卡姆登镇酿造厂（Camden Town Brewer）

联合酿造厂（Allied Brewers）

尼姆牧羊人（Shepherd Neame）

索恩布里奇酿酒厂（Thornbridge Brewery）

特特利酿酒厂（Tetley's Brewery）

田纳氏酿酒厂（Tennent's Brewery）

沃特尼酒厂（Watney's）

中国

北京燕京啤酒厂（Beijing Yanjing Brewery）

哈尔滨啤酒（Harbin）

华润雪花啤酒（CR Snow Breweries）

青岛啤酒（Tsingtao Brewery）

啤酒风格

阿德莱德起泡艾尔（Adelaide Sparkling Ale）

艾尔啤酒（Ale）

爱尔兰世涛（Irish Stout）

澳大利亚淡色艾尔（Australian Pale Ale）

柏林白啤（Berliner Weisse）

北法风格窖藏啤酒（Bière de Garde）

比尔森啤酒（Pilsner）

比利时快克（Kwak）

比利时三料（Belgian Tripel）

比利时双料（Belgian Dubbel）

比利时酸艾尔（Belgian Sour Ale）

比利时小麦啤（Witbier）

冰博克（Eisbock）

波罗的海波特（Baltic Porter）

波特啤酒（Porter）

博克（Bock）

陈酿艾尔（Old Ale）

大麦酒（Barley Wine）

淡色艾尔（Pale Ale）

德式陈酿艾尔（Alt）

德式黑啤（Schwarzbier）

德式深色啤酒（Dunkel）

德式小麦白啤（Weissbier）

帝国IPA（Imperial IPA）

帝国波特（Imperial Porter）

帝国世涛（Imperial Stout）

法兰德斯红色艾尔（Flanders Red Ale）

法兰德斯棕色艾尔（Flanders Brown Ale）

老棕艾（Oud Bruin）

法罗（Faro）

古法啤酒（Vintage Beer）

贵兹（Gueuze）

浑浊小麦啤（Hefeweizen）

加州蒸汽啤酒（California Common）

金色艾尔（Blonde Ale）

科隆啤酒（Kölsch）

拉格啤酒（Lager）

兰比克啤酒（Lambic）

美式 IPA（American IPA）

美式淡色艾尔（American Pale Ale）

牡蛎世涛（Oyster Stout）

慕尼黑清亮啤酒（Helles）

慕尼黑深色啤酒（Münchner Dunkel）

牛奶世涛（Milk Stout）

纽卡斯尔棕色艾尔（Newcastle Brown Ale）

农舍艾尔（Farmhouse Ale）

普通苦啤（Ordinary Bitter）

巧克力世涛（Chocolate Stout）

赛松（Saison）

三月啤酒（Märzen）

世涛啤酒（Stout）

双料 IPA（Double IPA）

双料博克（Doppelbock）

水晶小麦啤（Kristallweizen）

苏格兰艾尔（Scottish Ale）

苏格兰出口啤酒（Scottish Export）

苏格兰淡啤（Scottish Light）

苏格兰高度啤酒（Scottish Heavy）

苏格兰烈啤（Wee Heavy）

特拉普派修道院艾尔（Trappist Ale）

五月博克（Maibock）

小麦博克（Weizenbock）

烟熏啤酒（Rauchbier）

燕麦世涛（Oatmeal Stout）

印度淡色艾尔（India Pale Ale，IPA）

英式 IPA（English IPA）

英式淡色艾尔（English Pale Ale）

英式金色艾尔（British Golden Ale）

英式苦啤（English Bitter）

棕色艾尔（Brown Ale）

棕色酸艾尔（Sour Brown）

啤酒花

富格尔（Fuggle）

戈尔丁（Golding）

哥伦布（Columbus）

哈勒陶尔·米特尔弗吕（Hallertauer Mittelfrüh）

卡斯卡德（Cascade）

令伍特荣光（Pride of Ringwood）

奇努克（Chinook）

萨茨（Saaz）

施帕尔特（Spalter）

世纪（Centennial）

泰特南格（Tettnanger）

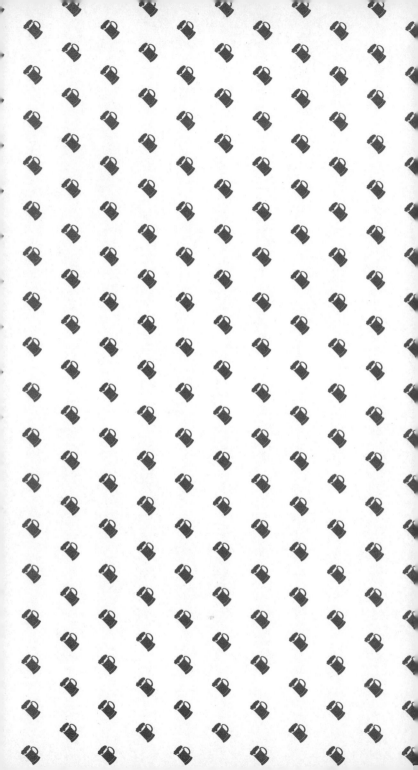